김치

천년의 맛

기획 | 박수호

프로듀서 | 유승준

아트 디렉터 | 홍동원

디자인 | 서정원 고강철

편집 | 김영리

사진 | 이지누(야외 촬영) 이상원(세트 촬영)

　　　조항일(자료사진 촬영)

코디네이터 | 노영희

요리 감수 | 황혜성

요리 지도 | 한복려

인쇄 제작 | 영림인쇄주식회사

값 50,000원

ISBN 89-7041-066-X 03390

이 책은 제일제당의 지원으로 만들어졌습니다.

천년의 맛

퀴리부인의 환상에 젖어 화학을 전공하던 학생 때, 지도 교수님은 "김치? 아, 김치에 관해 뭐가 할 게 있어? 이 나라에 치마 두른 여자들이 사는 한, 김치 같은 거 사 먹을 리가 없지. 김치의 산업화는 김군(金君)의 부질없는 꿈이야!" 하고 말씀하셨다. 김치연구를 하겠다면 외국 대학원에서 장학금은 커녕 입학 허가조차 안 내준다며, 순수화학이나 열심히 공부해서 교수가 되라셨다.

그런 교수님께 기어이 추천서를 받아냈던 고집쟁이 여학생은 이후 40여 년을 '김치'에 대한 연구에 바쳤다. 여자들이 치마 아닌 바지를 입고 김치도 사 먹는 세상이 됐지만, 김치에 관해 공부하는 사람은 흔치 않았고, 더욱이 '김치의 산업화' 운운하면 모두들 꺼렸다. 그 시절에 앞선 생각을 가진 김호식(金浩植) 김호직(金浩稙), 두 선생님의 가르침을 입어, 언젠가는 '비전(秘傳)의 한국 김치, 그 천년의 지혜'에 관해 책을 펴내고자 하는 꿈을 품어 오늘에 이르렀다.

이제 꿈의 결실이 이루어지려는 순간이다. 모든 일을 주선한 디자인하우스 이영혜 사장님의 노력과 우애에, 그리고 이 책을 위해 따뜻한 격려와 성원, 큰 수고를 다해준 모든 분들의 사랑에, 마음 깊은 곳으로부터 감사를 전한다.

1996년 가을에

김치학자 김만조 | 金晩助

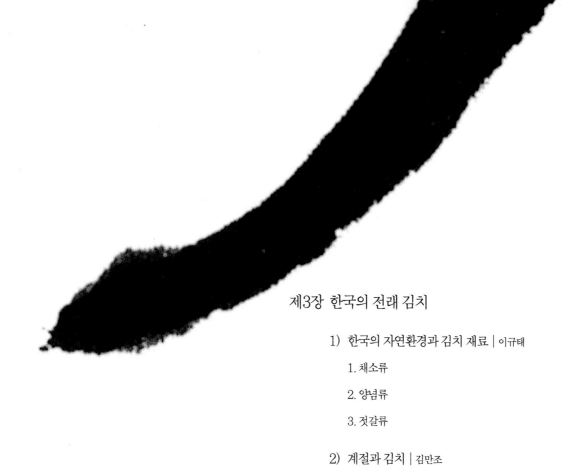

제3장 한국의 전래 김치

1) 한국의 자연환경과 김치 재료 | 이규태

    1. 채소류

    2. 양념류

    3. 젓갈류

2) 계절과 김치 | 김만조

    1. 겨울 김치

    2. 봄 김치

    3. 여름 김치

    4. 가을 김치

    5. 사철 김치

154

제3장

한국의 전래 김치

한국의 자연환경과 김치 개료

이규태 ─ 李圭泰

채소류

배추

벼의 이차작물(二次作物)이 피라면, 보리의 이차작물은 무와 배추다. 따라서 보리 농사를 짓기 시작하면서부터 무 배추가 기생했고, 이를 먹기 시작한 역사 또한 유구하다.

기원전 2000년 전의 왕조인 하(夏)나라 때, 이미 무와 배추의 중간 작물인 순무로 김치를 담가 먹었다는 기록이 나온다. 제갈량(諸葛亮)은 원정갈 때마다 주둔지에 순무를 심어 군량으로 삼았다. 새순이 돋아나면 날로 먹고 잎이 자라나면 삶아 먹었으며, 겨울에는 뿌리를 캐 먹었으니 사철 식량으로 제격이었다 한다. 이것이 연유가 돼 순무를 '제갈채(諸葛菜)'라고도 부른다.

제(齊)나라가 들어서면서 순무와 구분된 '숭(菘)'이라는 야채가 등장하는데, 이것이 바로 배추의 뿌리다. 추운 겨울에도 시들지 않고 푸르러, '소나무 풀'이란 뜻의 '숭'이란 이름을 얻었다 한다. 옛날 문헌을 취합해 보면 당시의 배추는 지금 것처럼 크거나 살찌지 않고 알이 배기지도 않은, 시금치처럼 생긴 야채였다. 겨울을 살아내는 것으로 보아, 오늘날의 얼갈이배추가 바로 숭이었을 확률이 높다.

제나라의 문혜태자(文惠太子)는 채소 가운데 가장 맛있는 것으로 이른봄의 부추와 늦가을의 숭을 들었으며, 양(梁)나라의 박물학자 도홍경(陶弘景)은 상식하는 채소 가운데 숭 이상 가는 것이 없다고 말했다.

숭은 줄기가 희다 해 '바이채[白菜]'로 불리었으며, 이 바이채가 우리나라에 도입되면서 배추란 이름으로 정착됐다. 조선조 중엽의 농서(農書)에서 숭이나 배추에 대한 기록은 찾아보기 힘들며, 후기 농서에나 등장한다. 당시에는 무를 주로 먹었던 것으로, 배추를 가꾸어 먹기 시작한 것은 그다지 역사가 깊지 않음을 알 수 있다. 그나마 배추는 가을과 겨울에만 먹는 동계 야채였다. 그래서 여름에는 콩밭이나 담배밭 고랑에 심은 열무로 담근 김치와 소금에 절인 오이 김치로 채소 욕구를 충족시켰다.

고대 문헌에 보면 무와 배추는 분류되지 않은 동일 작물이었던 것 같다. 중국 고대 문헌 《민서》에 숭(菘)〔배추〕과 무청(蕪菁)〔무〕은 같은 무리로, 잎이 갸름하고 대가 길며 빛이 안 나는 것이 무청이요, 대가 짧으며 잎이 살찐 것이 숭이라 했다. 명나라 때 박물사전인 《본초강목(本草綱目)》에도 숭은 무청과 닮았다 하고, 이를 강북에 심으면 무가 되고 강남에 심으면 배추가 된다 했다.

이미 양나라 때부터 채소 가운데 상식하기에는 배추만한 것이 없다 했고, 배추는 남북시대 이래 5대 야채 가운데 꼭 들었다. 배추 주산지인 양주(揚州)에서는 이미 명나라 때부터 15근짜리 배추를 생산하고 있었다는데, 우리나라에는 고려 때 문헌인 《향약구급방(鄕藥救急方)》에 처음 배추에 관한 기록이 나온다. 문헌에 보면 지황(地黃)이 있으면 부추를 먹지 말고, 감초가 있으면 숭이, 곧 배추를 먹지 말라 했다. 민간 속방으로 배춧국은 숙취 깨는 데 좋은 것으로 돼 있고, 배추씨앗을 볶아서 가루를 내 이른 새벽 기(氣)에 길은 정화수에 타 마셔도 숙취에 좋은 것으로 알려져왔다. 이밖에 배추씨 기름을 머리기름으로 선호했는데 머리를 길게 한다고 알았기 때문이요, 무반에서는 이 기름을 도검(刀劒)에 칠해 두면 녹이 슬지 않는다 해 필수품으로 여기기도 했다.

김치의 현 세계 수요량 85%를 일본이 가로채고 있는 실정이다. 한 가지 희망적인 사실은 일본에서 재배된 배추로서는 김치 종주국인 한국 김치의 맛을 낼 수 없다는 것이다. 강우량이 많은 일본에서 재배된 배추는 우리 배추보다 30 - 50% 정도 수분이 더 많으며, 상대적으로 섬유질은 적다. 따라서 일본산 배추로 김치를 담그면 국물이 많이 생겨 맛이 안 들고, 오래 저장될수록 용해 속도가 가속돼 저장식품으로서도 질이 떨어진다. 또 소금에 절이면 수분과다로 야채의 생기가 죽어 삶아놓은 것처럼 된다. 이처럼 김치는 한국에서라야 가장 좋은 한국 맛이 될 수 있게끔 선택받은 식품이다.

무 최초의 무에 대한 기록은 중국의 문헌 《서경(書經)》에서 볼 수 있다. '하서우공(夏書禹貢)' 편에 "만청(蔓菁)으로 저를 담가 먹는다"는 기록이 나와 있고, 한나라 환제(桓帝) 때 만청으로 흉년을 극복해 냈다는 기록도 나온다. '만청'이 바로 무의 한문 표기며, '저'는 야채의 염장(鹽藏) 가공을 뜻한다. 남도 사투리로 김치를 '지'라고도 하는데, 저에서 비롯된 말이다. 히말라야 오지 티베트 로드를 가다가 타켜리족의 찻집에서 배추를 소금에 절인 것을 '지'라 하는 것도 들었는데, '저'가 전파된 것일 확률이 높다.

중국 고대 문헌에는 무와 배추를 구별하지 않고 '무청(蕪菁)'이라는 이름으로 합쳐 불렀던 것 같다. 명대학자 이시진(李時珍)은 《본초강목》에 무를 '나복(蘿葍)'이란 이름으로 독립시켜 부른 것은 진(秦)나라 때 일이라고 쓰고 있다. 우리나라 배추의 어원은 무청의 별칭인 '백채(白菜)'에서 비롯된 것으로 보이며, 무는 무청의 양칭인 '무(無)'나 '수(須)'에서 비롯됐을 것이다. 무의 고어가 '무수'인 것과, 지금도 남도에서는 무를 무수, 또는 '무시'라 부르고 있는 것을 볼 때 그렇다.

《후한서(後漢書)》 '유분자전(劉盆子傳)'에서 장안에 적이 들어와 궁전을 둘러쌌을

65

때 1천여 궁녀들이 항복하지 않고 일년을 무를 가꿔 먹으면서 버티었다 한 만큼, 무는 당시 재배작물로 보편화돼 있었던 것 같다. 6천여 년 전 이집트에서도 무를 먹었다는 기록은 있으나, 피라미드 건설에 동원된 노예들의 식품으로 사람이 먹을 게 못되는 천한 음식이었다. 어떤 이유 때문인지는 알 수 없으나, 한국 중국 일본 등 동북아시아를 제외한 여타 문화권들에서는, 무를 안 먹거나 먹더라도 천시하는 식품이 돼 있다. 유럽 쪽에는 웬만큼 큰 무가 있지도 않으려니와, 무란 가난한 식탁의 상징으로 별 볼일 없는 식품이었다. 몹시 가난했던 영국 시인 로버트 브라우닝이 "4월이면 식탁에 오르는 지긋지긋한 무 요리여!" 하고 읊은 것이라든지, 형편없는 술안주를 '무와 소금' 이라고 하는 것 등으로 미루어보아, 유럽에서는 무를 별로 먹지도 않았거니와 그 인식도 하찮았던 것 같다.

무가 우리나라에 도입된 것은 한사군시절로 추정된다. 무는 보리나 밀을 먹음으로써 쟁기는 맥독(麥毒)을 풀어주는 해독제로도 쓰여왔다. 옛날 천축의 상류계급인 바라

문 한 사람이 동쪽에 왔을 때, 사람들이 보리국수 먹는 것을 보고 깜짝 놀랐다고 한다. 면에는 대열(大熱)이 있는데 어떻게 그것을 먹을 수 있느냐는 것인데, 그 국수 속에 무쪽이 들어 있는 것을 보고는 그제서야 고개를 끄덕였다는 것이다. 또 무에 항암성분이 있다는 연구 결과도 나오고 있다. 이 항암성분은 MTIB라 하는데, 많은 야채 가운데 이 성분을 포함한 것은 무밖에 없다. 날로 무를 먹을 때 매캐한 맛이 나는 것과, 먹고 나면 속이 쓰리며 고약한 트림을 하게 하는 원흉이 MTIB다. 또 《본초강목》에 무즙은 안팎의 종독(腫毒)과 창독(瘡毒)에 좋다고 했다. 내장에 발생하는 종독과 창독이 바로 암이다. 옛 사람들이 써놓은 것을 범연히 넘겨버릴 일이 아니라는 것을 또 한번 절감한다.

무 김치, 무 물김치, 깍두기, 총각 김치, 무 채, 무나물, 무순 무침, 무 조림, 무말랭이, 무 장아찌, 무 짠지, 무국, 무밥……. 이제 우리나라는 무 없이 밥을 먹을 수 없을 만큼 세상에서 무를 가장 많이, 또 다양하게 요리해 먹는 무의 왕국이 돼 있다.

파 주자(朱子)가 어느 날 딸 집에 들렀더니 사위는 마침 나들이를 하고 없었다. 이에 딸
은 되돌아가려는 친정아버지를 만류하면서 '총탕맥반(葱湯麥飯)'을 차려 냈다.
'맥반'은 보리밥이고 '총탕'은 파국이다. 가난한 사람이 연명을 위해 어쩔 수 없이 먹는 빈
곤한 음식의 상징이 '총탕과 맥반'이다. 그로써 딸이 어렵게 사는 것을 눈치챈 주자는 말했
다. "그렇게 어려워 할 것 없다. 이 두 음식 모두가 자양이 좋은 것이니 고맙게 먹겠다. 파는
단전(丹田)을 보하고, 보리는 굶주림을 가시게 하느니라".

자식을 아끼는 부모의 배려를 비유할 때 자주 인용되는 문구이긴 하나, 주자의 말이
근거없는 것은 아니다. 약선(藥膳)에서 말하는 달고(甘) 맵고(辛) 시고(酸) 쓰고(苦) 짠
(鹹) 오미(五味)와, 열(熱) 온(溫) 한(寒) 량(涼) 평(平)의 오성(五性)에 비춰볼 때, 파는
'매움'과 '온'에 해당된다. 곧 몸을 따습게 하고 혈행을 원활하게 하며 창자에도 좋다. 더
욱이 일체의 어독(魚毒)을 해독시키기까지 한다.

후한시대의 장수 요흥(姚興)은 군량으로써 파를 필수로 삼았는데, 군사들에게 파를
먹이면 사기가 오르고 파를 먹이지 않으면 사기가 죽어 전세가 불리했던 체험에 바탕을 둔
것이었다. 파는 군량으로써뿐만 아니라 구급약으로도 필수였다. 졸사(卒死)한 사람이 생
겼을 때, 파의 노란 심지를 남자는 왼쪽 콧구멍에 여자는 오른쪽 콧구멍에 꽂아두면 코피
를 흘리면서 되살아난다 했다.

파가 얼마나 독한가는 야금술(冶金術)에 파가 긴요하게 쓰인다는 사실로 짐작할 수 있다.
동짓날 파를 즙내어 단지에 담아 땅에 묻어두었다가 이듬해 하짓날 꺼내보면 파가 물로 변
해 있다. 이 물에 금이나 옥은 청석을 담그면 녹아버린다 한다. 파즙물에 금을 녹여 오래
고면 엿처럼 되는데, 이는 '금장(金漿)'이라 하여 단식하는 선골(仙骨)들이 먹는 선식(仙
食)이다.

고대 중국 문헌인 《예기(禮記)》에 고기회를 먹을 때, 봄에는 파와 더불어 먹고 가을
에는 갓과 더불어 먹는다 했다. 파가 생선에 기생하는 독을 해독시킨다는 사실을 체험으로
터득하고 있었음이다. 근래에도 생선찌개나 생선회에 파가 필수인 것은, 파에 냄새나 비린
맛을 중화하는 효용 이외에 해독 효용이 있기 때문이다. 또 '약에 감초'라면 '국에는 파'
다. 특히 고깃국에 파는 필수인데, 맛을 돋우는 것 외에 고기를 연하게 하기 때문이다.

우리나라에 파가 들어온 연대는 정확하지 않으나 고려시대 문헌인 《향약구급방》에
파가 약재로 나오며, 고려 문장 이규보의 문집에는 다음과 같은 시로 읊고 있다. "가냘픈
손인양 무성한 파줄기 옹기종기 많은데/아이들 그 잎 뜯어 피리삼아 불어댄다/술자리에
좋은 안주가 될 뿐 아니라/고깃국에 파를 넣으면 맛이 배가하니 그 아니 좋은가".

우리나라에 들어온 파는 김치라는 고유문화에 동화돼 바로 '파 김치'라는 위대한 창
조를 했다.

오이 우리나라 최초의 오이에 대한 기록은 신라말 고려초 명인(名人)들의 탄생설
화에서 보인다. 신라말 고려초의 사상을 주름잡았던 도선이 탄생하는 과정에
오이가 등장한다. 도선의 어머니가 처녀일 때 냇가에 나가 노는데, 잘생긴 오이 하나가 두
둥실 떠내려오길래 건져 먹었다. 그러자 순간 태기(胎氣)가 생겨 아이를 낳았는데, 그가
바로 도선이었다는 것이다. 《고려사열전(高麗史列傳)》의 '최응전(崔凝傳)'에도 오이
이야기가 나온다. 고려의 건국공신인 최응을 뱄을 때, 그의 어머니가 오이덩쿨에 갑자기
오이가 맺히는 태몽을 꾸었다고 했다.

비슷하게 생긴 것끼리는 비슷한 효력을 발생한다는 원시적 사고방식을 '유감주술(類
感呪術)'이라 한다. 오이와 남자 성기는 생김새가 비슷하기에 서로 유감해 생식을 상징하
게 됐고, 오이 꿈은 아이를 밴 징조로 해석이 돼왔다. 유럽 남부에서 여자에게 오이를 주는
것을 대단히 모욕적으로 생각하는 것이나, 처녀에게 피클, 곧 오이 김치를 담그게 하지 않
는 금기도 유감주술 차원에서 이해할 수 있다.

명나라 문헌 《본초강목》이나 식물의 동서교류를 연구한 학자, 앵글러나 드캔돌에
의하면, 히말라야의 인도 쪽 원산인 오이가 중국에 도입된 것은 기원전 110년 전후 동서교
류의 길을 튼 한나라 장건(張騫)에 의해서였음을 추정할 수 있다. 오랑캐 땅인 서역에서 들
여왔다 해서 '호과(胡瓜)'라 했는데, 4세기 초 후조(後趙)의 고조(高祖) 이름에 '胡'자가

있음을 피휘(避諱)해 '황과(黃瓜)'로 바꾸었다 한다.

명인 탄생설화와 중국 문헌에서 쥐참외[王瓜, 土瓜]를 '신라갈(新羅葛)'이라 한 것으
로 미루어, 우리나라에서는 통일신라시대에 이미 오이를 왕성하게 먹었음을 짐작할 수 있
다. 그런데 최근 광주 신창동에서 발굴된 기원전 1세기 경의 생활 유물 가운데 오이씨가 적
잖이 있다는 사실은, 오이가 전래된 시기를 삼국시대 이전으로 앞당기거나 오이가 대륙을
통하지 않고 해로를 통해 표착했을 가능성도 고려하게 한다.

프리니우스의 《박물지》에는 고대 인도에서 실크로드를 타고 유럽에 건너간 오이가
이미 로마시대부터 민간 약재로 다양하게 활용됐음이 나와 있다. 오이즙을 포도주에 타 마
시면 이뇨도 하고 기침도 멎으며, 부인의 젖에 타 먹으면 뇌염에 좋다 했다. 또 초에 타 먹
으면 이질에 좋으며 꿀에 타 마시면 간장병에 좋다 했다. 오이에 대한 유럽 사람의 이미지
는 '차다는 것'과 오이밭 원두막에서 연상된 '고독' 그리고 '음험(陰險)함'이다.

오이는 걸구지 않아도 되며, 물 없이도 잘 자란다. 또 마디마다 높낮이 없이 잘도 열린
다 해 가난하지만 꿋꿋하게 살아가는 민초의 상징으로 곧잘 읊어졌다. 오이는 유럽에서 피
클이나 샐러드 재료에 쓰이고, 일본과 중국에서는 장아찌를 담그는 것이 고작이다. 이에
비해, 한국은 오이 소박이, 오이 선, 오이 생채, 오이 나물, 오이 냉국, 오이 무름국, 오이 찬
국, 오이 감장과, 오이 통장과 등의 음식에서 보듯, 오이요리의 왕국이다.

미나리

나무의 1품이 소나무라면 먹는 풀, 곧 식채(食菜)의 1품은 단연 미나리다. 소나무의 정신과 품격을 높이 샀듯, 미나리의 품격을 높이 샀기 때문이다. 선조들은 미나리에서 삼덕(三德)을 감파했다. 첫번째 덕은, 속세를 상징하는 진흙탕에서 때묻지 않고 파랗고 싱싱하게 자라나는 심지(心志)다. 미나리는 집 앞의 하수를 여과시키는 더러운 수렁밭에서 자란다. 그리고 오염물질들을 흡수, 파랗게 정화시킨다. 갖은 가난과 악조건을 이겨내고 생활해 온 우리 백성의 마음에 와닿음직하다.

미나리의 두번째 덕은, 볕이 들지 않는 응달에서도 잘 자라는 것이다. 인생에는 양지가 있고 음지가 있다. 사람은 누구나 행복한 양지를 지향한다. 그러나 많은 우리 조상들은 가난과 가부장과 관권과 혹심한 삼강오륜의 굴레 속에서 살아왔다. 그런이들의 마음에 음지에서 악조건을 참으며 잘도 자라나는 미나리는 많은 공감을 불러일으켰을 것이다. 더욱이 영화와 안락을 등지고 메마른 강상(綱常)만을 의지하고 살아야 했던 선비들에게, 미나리가 주는 교훈은 무척 컸을 것이다.

미나리의 세번째 덕은, 가뭄에도 푸르름을 잃지 않고 이겨나는 강인함이다. 날이 가물어 산야의 초목과 논밭의 곡식이 누렇게 시들어도, 미나리만은 신선한 푸르름을 잃는 법이 없다. 산야도 타고 인심도 타고 삶의 의지도 바싹바싹 타오르는데 그 속에서 독야청청 푸르른 미나리야말로, 조상들에게 생명력에 대한 희망과 신뢰를 주고도 남음직하다. 이처럼 미나리는 식용으로써만이 아니라 뜻을 기르는 '양지(養志)'의 덕이 부가된 식품이었기에, 선비들 밥상에 어떤 형식으로든 요리되어 올랐고 그로써 선비임을 과시하는 풍조마저 있었다.

미나리를 먹기 시작한 것은 꽤 오래 전이다. 우리 문헌에 미나리가 처음 등장한 것은 《고려사열전》이며, 조선조에 들어와서는 시조 속에서 자주 읊어졌다. 《청구영언》에 나오는 미나리 노래는 퍽 감각적이다.

"겨울날 따스한 볕을 님 계신 데 비추고자/봄 미나리 살찐 맛을 님에게 드리고자/님이야 뭣이 없으리만은 내 못 잊어 하노라. 임금과 백성 사이 하늘과 땅이로다/나의 설흔 일을 알려고 하시거든/우린들 살찐 미나리 맛을 혼자 어찌 먹으리".

미나리요리 중 보편적인 것은, 살짝 데쳐서 돌돌 말아 초고추장을 찍어먹는 미나리 강회다. 씹는 촉감과 미나리가 지닌 향취를 최대한 살린 음식이다. 전통적인 봄 밥상차림 중에서 '봄삼첩'은, 흰밥에 무장국, 나박 김치, 간장 그리고 청포 무침과 조기 조림, 미나리 강회다. 얼마나 담백하고 감칠맛나는 상차림인가.

갖은 생선 무침이나 생선찌개에도 향긋한 향취로 비린 맛을 중화시키는 미나리가 필수다. 또 술 마시기 전에 미나리즙을 마시면, 깨끗하게 취하며 숙취도 예방한다. 눈으로 보는 맛이나 씹어서 나는 소리 맛에서나, 미나리는 계절식품으로 그만이다.

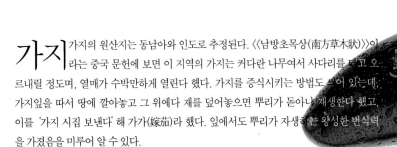

가지

가지의 원산지는 동남아와 인도로 추정된다. 《남방초목상(南方草木狀)》이라는 중국 문헌에 보면 이 지역의 가지는 커다란 나무여서 사다리를 타고 오르내릴 정도며, 열매가 수박만하게 열린다 했다. 가지를 증식시키는 방법도 써 있는데, 가지잎을 따서 땅에 깔아놓고 그 위에다 재를 덮어놓으면 뿌리가 돋아나 재생한다 했고, 이를 '가지 시집 보낸다' 해 가가(嫁茄)라 했다. 앞에서도 뿌리가 자생하는 왕성한 번식력을 가졌음을 미루어 알 수 있다.

가지를 처음 본 수양제(隋煬帝)는 '곤륜과(崑崙瓜)'라 명명했다던데, 아마도 가지가 곤륜산─곧 히말라야를 넘어 중국에 도래했기에 붙인 이름일 것이다. 우리나라에는 '신라가(新羅茄)'라 해서, 토종가지인지 혹은 중국으로부터 유입된 개량종인지는 몰라도 중국에까지 소문난 가지가 있었다. 《유양접저》란 중국 문헌에 그 내용이 나오는데, 전문을 옮기면 이렇다. "신라국에서 나는 일종의 가지는 모양이 달걀같이 둥글고 엷은 자색이며, 옅은 광채가 나고 꼭지가 길며 맛이 달다. 지금은 중국에서도 신라가지를 많이 가꾸고 있다". 신라가지가 자생종이 아니라 수입종이라면, 우리 조상들이 외래문물을 주체적으로 수용해 개성있는 문물로 만들어 수출한 것이 된다. 그 문화 수용의 철학이 싱그럽기만 하다.

고려시대에 가지는 보편화돼 있었다. 《동국이상국집(東國李相國集)》의 '가포육영(家圃六詠)' 중 하나로 읊어지는 것으로 미루어 알 수 있다. "자색 바탕에 붉은 빛 지었으니/어찌 널 보고 늙었다 하리오/꽃을 즐기고 열매는 먹을 수 있으니/가지보다 나은 것 또

무엇이 있으랴/알안이 푸르고 알알이 붉은데/날로 먹고 삶아 먹고 여러모로 좋을시고".

속전에 "가을가지 며느리가 먹어서 해롭다"는 말이 있다. 속까지 잘 익은 가을가지는 떫은 맛이 없어서 날로 먹기 좋다. 밭나들이를 자주하는 며느리가 가을가지를 따 먹을 기회가 많으니 아예 못 따 먹게 하는 방편으로 지어낸 말일 확률이 높다. 헌데 문헌에 보면 가지의 본성이 한성(寒性)인 데다 아랫배를 훑는다 했다. 그러므로 아이를 많이 낳아야 할 며느리가 가지를 많이 먹으면 애깃보를 다치니, 못 따 먹게 하는 것일 수도 있다.

가지로는 가지 나물, 가지 찜, 가지 선, 가지 장아찌를 비롯해서 가지 김치를 담가 먹었다. 가지를 조리할 때 쇠칼을 써서는 안됐다. 칼이 가지의 속살과 반응해 거무스레한 흠집이 묻어나기 때문이다. 그래서 대칼이나 짐승뼈로 만든 골도(骨刀)를 쓰는 것이 법도였다.

가지는 식용 이외에도 쓸모가 많았다. 한 꽃에 두세 개 달리는 돌연변이 가지가 나면 벼 한 섬과 바꿀 만큼 소중하게 여겼다. 이 가지를 문기둥에 매어놓고 드나들 때마다 보면, 눈이 밝아지고 눈병을 예방하며 또 고친다고 믿었기 때문이다. 말린 가지나 가지꼭지, 가지뿌리를 태워 그 재를 고약으로 만들어 바르면 각종 종기에 좋다 했으며, 숙취에도 특효인 것으로 알았다. 술 속에 가지 태운 재를 넣으면 술기가 가시고, 술이 물이 되기 때문이다. 다만 학질에는 가지를 피해야 한다. 학질이 나은 후에도 환자가 가지밭을 지나가면 병이 재발한다 할 만큼, 가지와 학질은 상극이다. 가지는 다 익어도 꼭지에서 떨어지지 않기에 학질도 떨어지지 않을 것이라는 유감주술에서 비롯된 것이라는 해석도 있다.

부추

부추를 한문으로 '구(韭)'라 하는데, 부추가 자라는 형상을 나타낸 것이다. 뜯어 먹으면 자생하길 한해에 서너 번 하고, 겨울에도 얼지 않게 덮어만 주면 잘 산다 해 '초종유(草鍾乳)' - 곧 풀에서 나는 젖이란 별칭까지 얻고 있다. 일명 기양초(起陽草) - 남자의 양기를 돋우어주는 풀이라고도 하는데, 겨울에도 죽지 않는 왕성한 생명력에서 왕성한 양기를 유감(類感)한 것일게다. 뿐만 아니라 부추는 뿌리를 찢어 심어도 잘 자라고, 씨앗을 뿌려도 잘 자란다고 한다.

중국에서는 한나라 때부터 부추 파 배추무리는 겨울에 온실재배를 했다. 상병화(尙秉和)의 《역대사회풍속사물고(歷代社會風俗事物考)》에 보면, 바닥엔 구들을 놓아 불길이 통하게 하고 그 위에 흙을 깔고 시비를 한다고 나와 있다. 그리고 북쪽 벽을 높게 하고 남쪽 벽을 낮게 해, 볕을 들이고 종이문을 해서 달았다. 특히 부추는 말똥을 좋아해 한겨울에 말똥시비로 온실재배를 하면 1척까지 자란다 했다. 한겨울에 돋아나는 노란 부추싹은 '황구(黃韭)'라 해서, 귀족들 밥상에 올랐던 귀물(貴物)이다.

흔히 부추를 찬양해서 오색(五色) 오덕(五德)을 갖추었다고 하니, 이를 먹으면 심신에 고루 좋다고 믿었다. 줄기가 희어 구백(韭白)이요 싹이 노오래 구황(韭黃)이며, 잎이 파아래 구청(韭靑)이고 뿌리가 붉어 구홍(韭紅), 씨앗이 검어 구흑(韭黑) - 그래서 바로 오색이다. 우리 조상들은 오색 갖춘 음식을 무척 좋아했는데, 오신채(五辛菜) 구절판 신선로요리들이 모두 오구색 계통의 음식이다. 부추에 오덕이 있어 '채중왕(菜中王)'이라

고도 한다. 날로 먹어서 좋으니 그것이 일덕(一德)이요, 데쳐 먹어서 좋으니 이덕(二德)이며, 절여 먹어도 좋으니 삼덕(三德)이고, 오래 두고 먹어도 좋으니 사덕(四德)이며, 매움이 일관해 변하지 않음이 나머지 오덕(五德)이라 했다.

영국 웨일즈에서는 한때 부추로 국장(國章)을 삼기까지 했다. 640년 웨일즈의 브리튼족과 색슨족이 맞싸울 때, 웨일즈족의 수호신인 데이비드가 적과 아군을 구분하는 표지(標識)로 부춧잎을 가슴에 달도록 계시했다는 데서 부추 국장이 비롯됐다 한다. 성 데이비드는 중국으로 치면 백이(伯夷) 숙제(叔齊)로, 세상을 버리고 깊은 산 속에 숨어 살았다. 백이 숙제가 고사리를 숭상하는 것처럼 그도 부춧잎을 차고 다녔는데, 그것이 국장의 시작이었다는 것이다. 또 전장에서 생긴 병사들의 외상에 부추즙이 좋다 해서, 부추를 휴대 의약품으로 지니고 다니던 것이 국장이 됐다는 설도 있다. 서양에서 부추는 식용 이외에 외상이나 손 튼 데, 동상 등에 잘 듣는다고 알았고, 로마의 네로 황제는 연설할 때 목청을 좋게 하는 약으로도 상식했다고 한다.

부추의 원산지는 중국 북서부로 알려져 있다. 송나라 때 금나라, 곧 여진족의 풍속을 적은 문헌에 보면 소금에 절인 부추 김치가 나온다. 우리나라 문헌에 처음 부추가 등장하는 것은 고려 때의 《향약구급방》으로, 부추가 약재로 나온다.

요즘은 향긋한 부추 김치를 비롯해, 부추 나물김치, 부추 장아찌, 부추전, 부추죽 등 다양한 부추음식들을 먹고 있다.

171

씀바귀

중국에서는 아이가 태어나면 어미 젖을 먹이기 전에 오향(五香)이라는 다섯 가지 맛을 보인다. 맨 먼저 초 한 방울을 핥게 하면, 아이는 얼굴을 야릇하게 찡그린다. 이어 소금을 핥게 하고, 씀바귀대를 자를 때 스며나오는 하얀 젖빛깔의 즙을 입에 떨어뜨린다. 씀바귀의 쓰디쓴 맛의 원천이 바로 그 뿌얀 유즙에 있으니, 아이는 오만상을 찌푸리고 울어댄다. 그 다음이 가시나무에서 가시를 따 와 아이의 혀끝을 살짝 찌른다. 그렇게 다 울고 난 다음에야 달디 단 사탕을 핥게 한다. 미국 선교사가 이 중국 농촌의 오향습속을 보고 신생아 학대의 원시적 유속이라며 악습 폐지를 역설했다 한다. 이에 임어당이 "서양 문명의 인생을 보는 한계를 그로써 볼 수 있다"고 비꼰 적이 있다.

이는 성인이 되기까지 신 맛, 짠 맛, 쓴 맛, 아픈 맛을 맛보고 그를 감내하지 않으면 인생의 단 맛을 알 수 없다는 음식철학이다. 이때 인생의 쓴 맛으로 씀바귀가 선택된 것은, 우리 식생활 주변에 가장 흔하게 먹을 수 있는 쓴 음식이 씀바귀이기 때문일 것이다.

김치 왕국인 우리나라는 씀바귀로 담근 김치 - 고들빼기 김치의 수요가 날로 더해가고 있는, 세계 제일의 씀바귀 소비국이기도 하다. 야생의 고들빼기를 10여 일 정도 냉수에 담가 쓴 맛을 적당히 우려낸 다음, 멸치젓국 마늘 생강 고추로 버무려 삭힌 고들빼기 김치는 입맛을 돋우는 음식으로 상비해 두던 참이었다.

씀바귀는 음식 재료로만 쓰인 것이 아니다. 과거를 앞둔 서생이나 부모 머리맡에서 간병하는 효자들에게 잠은 그야말로 수마(睡魔)다. 이럴 때 잠을 쫓는 가장 친근한 처방으로 씀바귀즙을 내 먹었다. 또 겨울날 먼 길을 갈 때 밭두렁의 눈틈에 파릿파릿한 씀바귀를 보

면 뜯어다가 얼음물에 행궈 날로 먹었다. 그렇게 하면 추위를 덜 타는 것으로 알았기 때문이다. 한적(漢籍)에서는 씀바귀를 유동(游冬)이라고도 한다. 가을에 씨앗이 떨어져 겨울에 싹을 틔운 뒤, 눈 속에서도 푸른 기운을 유지한다 해 얻은 이름이다. 씀바귀를 먹으면 추위를 덜 탄다는 속방이 생겨났음직하다.

프리니우스의 《박물지》에도 씀바귀가 나온다. 씹어서 입 냄새를 없애고 뇨 속의 결석을 녹이며, 부인들의 분만을 돕고 젖이 많이 나게 하는 민간약재로 높이 평가하고 있다. 원나라 문종 때 중국 약전인 《음선정요(飮膳正要)》에도 씀바귀는 얼굴이나 눈의 노란 기운을 없애주며, 오장(五臟)의 사기(邪氣)를 쫓아 안심(安心) 익기(益氣) 총찰(聰察) 경신(輕身) 내노(耐老)의 효과를 가져다 준다 해 '천정채(天淨菜)'라 일컬었다.

중국 고문헌에 보면 씀바귀는 주로 야생에서 나지만 인가(人家)에서 채배하기도 한다 했다. 재배 씀바귀는 야생과 구별해 '고거(苦苣)'라 했다. 한데 씀바귀는 씨를 받아 재배하는데, 재배 기간이 10개월이나 걸리는 데다 열리는 씨앗도 적다. 또 발아율이 60%밖에 안돼 대량재배에 한계를 느껴온 터였다.

우리나라에서는 최근 충북 농촌진흥청의 연구진이 씨앗 재배가 아닌 종근 재배를 개발했다. 뿌리를 얇게 잘라 심음으로써 씀바귀의 크기를 배로 늘리고 수확기는 반감시켜, 수확량을 60%나 올릴 수 있게 됐다. 중국에서는 갓난아기에게 씀바귀의 쓰디쓴 즙을 먹인다지만, 우리나라에서는 이를 대량생산해 달디 달게만 자라온 유약한 청소년들에게 철학음식으로 많이 먹였으면 하는 생각이 든다.

상추

상추는 날로 먹을 수 있다 해 '생채(生菜)'라는 용어가 전화된 것으로 보이 나, 한문 이름은 '와거(萵苣)'다. 송대(宋代)의 문헌인 《청이록(淸異錄)》에 보면 외국(咼國)에서 건너온 풀(艸)이라 해 '와(萵)'란 이름이 붙었다 한다. 외국에서 사신들이 왔을 때 수(隋)나라 사람들이 상추 종자를 비싸게 사들였기로 '천금채(千金菜)'라 부른다고도 했다. 한데 우리 문헌인 《해동역사(海東繹史)》'물산지(物産志)'에 보면, 청대(淸代)의 문헌인 《천록여식(天祿余識)》을 인용, 고구려 사신이 수나라에 갔을 때 그곳 사람들이 상추 씨앗을 비싸게 사들였기로 천금채라 한다 했다. 중국 문헌상 와국 이란 나라는 없고, 단지 당서(唐書)에 파와부(婆渦部)란 지방명이 나와 있을 따름이다. 이로 미루어 고국(咼國), 곧 고구려가 와국으로 와전된 것으로도 고증한다.

아무튼 상추는 삼국시대 때부터 먹어온 역사 깊은 야채로, 고려 때 문헌에는 상추로 밥을 싸 먹었다는 기록이 적지 않다. 원나라 시인 양윤부(楊允孚)의 시는 상추쌈 싸 먹는 고려의 풍습이 원나라에 전래돼 크게 유행했음을 밝혀주고 있다. "고려의 맛좋은 상추를 되읊거니와/산에 나는 새박나물이며 줄나물까지 사들여 온다" 했다. 상추쌈뿐만 아니라 산나물쌈에까지 맛들여 우리의 산채까지 사들였던 것 같다.

쌈은 그 구조상 양반이 먹기에는 품위가 없어 보였던지, 예절책에 상추쌈 품위있게 먹는 법에 대해 자주 나왔다. 이덕무의 《사소절(士小節)》'사전(士典)'에서는 상추를 싸 먹을 때 직접 손을 대면 안된다 했다. 먼저 숟가락으로 밥을 떠 밥그릇 위에 놓고, 젓가락으로 상추 두세 잎을 집어 밥을 싼 다음 입에 넣는다. 그리고 된장은 따로 떠 먹는다 했다. 같은 책 '부의(婦儀)'에 보면, 특히 여자가 상추쌈을 싸 먹을 때 너무 크게 싸서 입을 크게 벌리며 먹는 것은 상스러우니 조심해야 한다고 했다. 입은 치부를 유감하기 때문일 것이다.

쌈은 특유하고 독보적인 한국의 음식문화로, 국제사회에서 각광받을 만한 것이다. 18세기 실학자 이익(李翼)은 《성호사설》에서 채소 중에 잎이 큰 것은 모두 쌈을 싸서 먹는데, 상추쌈을 제일로 여긴다 했다. 19세기 작가 미상의 《시의전서(是議全書)》에 보면, 상추쌈뿐 아니라 곰취쌈이나 양제채(羊蹄菜)쌈 등 산채는 물론, 깻잎쌈 피마잣잎쌈 호박잎쌈 배추쌈 김치쌈 등, 잎이 큰 것이면 모두 쌈이 됐다. 특히 여덟 가지 색의 각종 어육채소(魚肉茱蔬)를 얄팍한 전병에 싸서 먹는 구절판은 쌈문화의 미적인 극치다.

'싼다'는 내부를 외부로부터 가리는 행위다. 외향적인 외개문화(外開文化)에 대비되는 내향적인 내포문화(內包文化)가 우리 생활의 기조다. 인도에서 고부(姑婦)싸움이 일어나면, 삽시간에 동네 시어머니 대 며느리의 싸움으로 '외개(外開)'를 한다. 중국도 싸움이 일어나면 길가는 행인에게 시비를 가려달라 한다. 안의 일을 밖으로 끌어내는 외개형 싸움이다. 그러나 한국의 고부는 문을 잠그고 싸운다. 소리가 커지면 서로 죽여가며 싸우고, 남이 들어오면 칼로 끊듯 싸움을 중단한다. 고부싸움이나 부부싸움까지도 내포형이다.

훔쳐갈 것 하나 없는 빈민까지 울타리나 담을 쳐놓고 사는 것도 내부를 외부로부터 가리기 위한 쌈문화의 소산이요, 옷깃을 여미고 치마를 감치는 한복의 구조도 몸을 싸는 쌈문화의 소산이다. 이렇듯 우리 민족의 내포형 문화가 음식에 투영돼, 독특한 쌈음식이 발달한 것이 아닌가 생각한다.

도라지

서양 사람들은 도라지꽃 모양이 종(鐘)처럼 보였던지 '벨플라우어'라 했다. 영국 시인 키이츠는 도라지꽃을 수녀나 이승(尼僧)이 쓰는 머리 고깔로 보고, 속세에 미련을 못다버린 미모의 이승에 비유했다. 희랍신화에서 도라지꽃은, 미모 때문에 불행해진 공주 프시케의 사랑의 갈망에서 돋아난 꽃이다. 프시케는 밤마다 정체를 드러내지 않는 사나이의 사랑에 도취한다. 정체를 봐서도 안되고 물어서도 안되는 터부가 있는 사랑이다. 참을 수 없이 보고 싶던 어느날 밤, 프시케는 터부를 깨고 촛불을 든 채 사나이의 얼굴을 보았다. 그가 쏜 화살을 맞으면 사랑에 빠지지 않을 수 없게 된다는 날개 돋은 사랑의 남신 큐피드였다. 큐피드의 옷에 떨어진 촛농이 단서가 돼 터부는 깨졌고, 큐피드는 두 번 다시 프시케의 침실을 찾지 않았다. 사랑에 멍든 프시케, 그 갈망의 눈물이 도라지꽃을 피운 것이다.

도라지에 관한 비슷한 전설이 우리나라에도 있다. 미모의 부잣집 딸이 밤마다 찾아들어 흠뻑 사랑을 쏟는 정체 모를 사나이 때문에 고민을 한다. 부모는 딸에게 그 사나이의 옷 깃에 실 꿴 바늘을 몰래 꽂아두도록 시켰다. 이튿날 딸이 실을 따라 가보았더니 인근 산중에 묻힌 도라지뿌리에 그 바늘이 꽂혀 있었다는 것이다. 이처럼 도라지가 억눌린 성적본능의 구상(具象)이라는 것에는 우리나라도 예외가 아니다.

도라지타령의 후렴에 한두 뿌리만 캐어도 대바구니가 츠리찰찰 다 찬다느니, 대바구니가 스리살살 다 녹는다느니 대바구니가 반실이 되었다느니 하는 대목이 나온다. 물리적으로는 합리화할 수 없는, 어떤 정서적 공백을 충족시켜주는 노랫말이다. 도라지나 인삼은 생김새로 인해 남성을 상징하고, 바구니나 신발은 그 수용성이 비슷하다 해 여성을 상징한다. 대바구니 속의 도라지가 상징하는 의미가 완연해지는 것이다. 이처럼 선조들은 상징을 빌어 노래 속에서 진한 사랑을 나누기도 했다.

중국의 《본초강목》 문헌을 뒤져보면 도라지는 여자의 속살을 예쁘게 하고 상사병을 낫게 하며, 질투 때문에 저주받아 생긴 병에 잘 듣는다 했다. 역시 사랑과 밀접한 음식이요 약초였음을 알 수 있다.

도라지와 더덕으로는 김치를 담가 먹기도 했다. 〈한국민속종합조사보고서〉에 보면, 남도의 산간 지방에서 도라지와 더덕을 캐 김치를 담그는 내용이 나온다. 도라지와 더덕을 소금에 주무르거나 물에 우려 쓴 맛을 뺀 후, 파 마늘 고춧가루 젓갈로 버무려서 익혀 먹거나, 그냥 국물 없는 깍두기처럼 담가 먹기도 했다. 이를 도라지 김치, 더덕지라 했다.

수요의 확대로 도라지의 대규모 재배단지가 여기저기 생겨나 새 소득작물로 각광받고 있다. 고고했던 심심산천에서 허허벌판으로 나와 헤퍼진 도라지다. 이제 사랑도 숨어하거나 핑계대거나 한두 뿌리로 대바구니를 채운다는 따위의 상징수법을 쓸 필요가 없는, 개방되고 멋없고 헤퍼진 도라지 사랑이다.

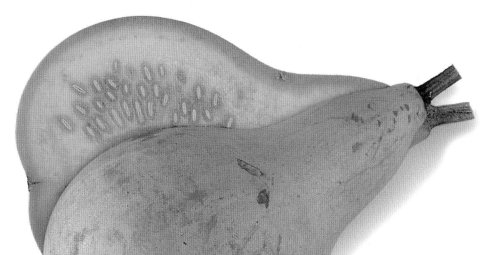

박 한말의 대신 김윤식(金允植)이 충청도 면천(沔川)으로 유배당해 갔을 때, 그곳에 사는 황실박씨(篁室朴氏)라는 순박한 여인을 소첩으로 맞아들였다. 그리고 그 소첩의 외모를 시골 초가지붕에 핀 박꽃으로 비유했다. 시골 아가씨를 박꽃에 비유한 시문이 비일비재한 것은, 꾸밈없고 순수한 한국 여인의 이미지와 박꽃이 꼭 들어맞기 때문이다.

박꽃처럼 자라난 여자가 시집갈 나이가 되면, 양지바른 돌담에 표주박덩쿨을 올려 합근박(合巹瓠)을 만든다. 시집가는 날 여기에 술을 따라 신랑 신부가 입을 댐으로써 서로 간접 입맞춤을 하게 만드는 사랑의 표주박이다. 그리고 이 합근박에 청실홍실 수실을 달아 신방의 천장에 매달아놓고 사랑을 감시토록 했다.

박으로 시작된 한국 여인의 일생은 바가지로 엮어진다. 곡식을 푸고 식수를 푸고 장을 푸는 생활도구가 바가지 일색이요, 가난한 집에서는 밥그릇이며 요강마저도 바가지 일색이었다. 그래서 어머니의 적삼 앞자락에는 온통 박비린내가 스며들고, 그것은 평생 어머니를 생각나게 하는 그리운 냄새가 됐다. 선조들의 사모곡(思母曲)에도 이 박비린내가 등장한다.

평생 박에 묻혀 살던 여인들은, 화가 치미는 일이 있으면 바가지를 긁어 그 소리에 화를 태워 발산했다. 그러다 죽으면 소장 내어갈 때 문턱에 놓아둔 바가지를 밟아 깨고 평생 살던 집을 떠나갔다. 박은 옛 여인의 동반자였고, 박의 일생이 한국 서민의 일생이었다.

박은 권력욕 금욕 명예욕을 초월 탈속한 사람의 비위에 맞는 담백한 맛이어서, 도사가

먹는 선식(仙食)이기도 했다. 또 그 속이 너무나 희기에 이를 유감해 미용식으로 은밀히 먹기도 했다. 시집가기 전에 박을 세 통씩 아홉 통을 먹고 가면 속살이 희어진다고 했다. 하지만 박 속을 빈량(貧糧)이라고 하듯, 박은 가난한 사람 보릿고개 넘기는 전형적인 구황(救荒)양식이었다. 홍부네 집 요리 가운데 가장 고급요리가 박 속을 나물로 무친 포심채(匏心菜)와, 그를 국으로 끓인 홍부탕(興夫湯)이었다는 것만 봐도 알 수 있다.

박 요리 가운데 가장 보편적인 것은 박고지다. 박이 여릴 때 그 속을 버리고 겉살을 얇게 돌려 깎아 말린 것으로, 고기 씹는 촉감을 주는 음식이다. 또 고기 맛을 담백하게 한다 해 고기요리에도 필수가 돼왔다. 시집살이 노래에 고달픈 시집살이를 한탄한 끝에, "대들보에 박고지 걸고 목이나 매어볼까" 하는 대목이 있는 것으로 보아, 박은 역시 가난을 연상시키는 음식이었다.

박고지를 주재료로 한 박고지 햄버거가 우리나라에서 개발돼 해외에 수출되고 있다는 보도가 있다. 고기 맛도 나고 고기 씹는 맛도 나면서 칼로리는 없는 다이어트식품으로 각광받고 있다. 빈량무상(貧糧無常)이다. 박 김치라 해서, 박으로 김치를 담가 먹기도 했다. 박 속을 파내고 껍질을 벗긴 다음 나머지를 도톰하게 썰어 소금에 절인다. 절인 박에 마늘 고춧가루 실고추 파 배를 넣어 양념으로 버무리고, 심심하게 간을 맞춘 국물을 부어 익혀 먹었던 것이다.

시래기

시래깃국은 무나 배추의 잎 말린 것에 된장을 풀어서 끓인 것으로, 가장 서민적인 국이다. 토장국과 비슷한데 재료에 약간 차이가 있다. 토장국은 잘 삶은 누르무레한 된장을 걸러넣고, 청어 멸치 말린 것이나 기름기 있는 약간의 살코기로 맛을 돋운 다음, 무 배추 아욱 시금치 같은 채소류를 넣어 끓인다. 뼈를 우려낸 국물에 된장을 풀어 끓이기도 한다.

시래깃국이 토장국과 다른 점은 첫째, 국물에 고기류가 들어가지 않기 때문에 더욱 시원하고 맛이 담백하다는 것이다. 다만 멸치가 우리나라 연안에서 잡히기 시작한 18-19세기 이후부터 국물에 멸치나 멸치가루를 넣기도 했다. 둘째, 시래깃국 재료는 무 배추의 잎 정도인데, 토장국처럼 날잎이 아니라 김장 때 엮어서 말려둔 마른잎을 주로 쓴다.

셋째, 토장국은 맑은 물에다가 된장을 푸는데, 시래깃국은 쌀뜨물을 받아두었다가 그물에 된장을 풀어 끓인다. 쌀뜨물로 끓이면 맛도 달라지고 채소의 섬유조직이 한결 부드러워진다. 넷째, 시래깃국에는 날콩을 갈아 만든 콩가루를 넣어 맛을 더욱 구수하게 낸다. 콩에는 단백질성분이 많아 영양 측면에서도 많은 배려를 했음을 알 수 있다.

우리 식탁에 필수적인 국은 간장으로 간을 해 끓이는 맑은 장국, 된장으로 간을 하는 토장국, 재료를 푹 고은 뒤 소금으로 간하는 곰국, 끓이지 않고 차게 만들어 먹는 냉국 등, 크게 네 가지로 나눌 수 있다. 시래깃국은 토장국 유형 중 가장 원시적이고 보편화된 국이라 할 수 있다. 그러나 지금은 시래기를 얻기 힘들어서 거의 사라진 전통음식이 돼버렸다.

무나 배추의 잎을 엮어 아무렇게나 말리면 시래기가 되는 것이 아니다. 시래기는 사시사철 볕이 안 드는 북쪽 벽의 처마 밑에서 말려야 하며, 반드시 흙벽이어야 상하지 않고 알맞게 마른다. 이제 주택의 근대화로 집의 처마가 좁아지는 바람에, 사시사철 응달이 되는 공간이 없어졌다. 습도를 조절하고 온도를 단절시켜주던 토벽은 온통 벽돌벽이나 시멘트 벽으로 바뀌어서, 요즘은 좀체 시래기를 만들 수 없는 것이다.

양념류

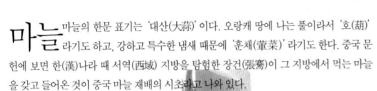

마늘

마늘의 한문 표기는 '대산(大蒜)' 이다. 오랑캐 땅에 나는 풀이라서 '호(葫)' 라기도 하고, 강하고 특수한 냄새 때문에 '훈채(葷菜)' 라기도 한다. 중국 문헌에 보면 한(漢)나라 때 서역(西域) 지방을 탐험한 장건(張騫)이 그 지방에서 먹는 마늘을 갖고 들어온 것이 중국 마늘 재배의 시초라고 나와 있다.

우리나라에서는 건국신화인 단군신화에 마늘이 등장한다. 이로 미루어 마늘이 중국에서 전래되었다기보다 북방에서 야생한 것을 옛날부터 보약(補藥)으로 먹어온 것이 아닌가 싶다. 건국신화는 고대부터 한민족이 마늘을 재배했고 상식(常食)했다는 사실의 한 추정적 방증(傍證)일 수 있다. 신화에서처럼 마늘의 특수하고 강력한 냄새와 신통력을 관계 짓는 원시적 사고방식은 많은 민속을 탄생시켰다.

콜레라 마마 학질 등 유행병이 번질 때, 홀수의 간 마늘쪽을 실에 꿰어 문기둥이나 창가에 걸어두면 병에 걸리지 않는다는 민속이 보편적이었다. 모든 병균을 병귀(病鬼)로 파악했던 옛 서민들은, 고약한 마늘 냄새의 매서운 맛으로 병귀의 징조를 막을 수 있을 것으로 생각했다. 과학적으로 보면 마늘의 항균력을 상징적으로 이용한 것이므로, 합리적인 민속이라고 할 수 있다.

또 밤길을 떠날 때 마늘을 먹고 가는 습속이 있었다. 마늘을 먹으면 트림이 나고, 트림을 하면 마늘 냄새가 풍긴다. 마늘 냄새가 풍기는 주변에 귀신이 접근하지 못하리라는 원시적인 사고의 합리주의가 낳은 민속이다. 호랑이 또한 마늘을 싫어한다고 믿었으므로, 마늘 장아찌 등을 먹고 가면 호랑이에게 피해를 보는 일도 없을 것이라 생각했다. 단군신화에서 유독 호랑이만이 마늘을 먹고 성인(成人)하지 못한 것과도 연관이 있는 것 같다.

코피가 안 멎을 경우, 마늘을 절구에 찧어 둥그런 마늘떡을 만들어 붙이면 낫는다는 속전처방이 있다. 환자가 남자이면 왼쪽 발바닥 복판에, 여자이면 오른발 족심(足心)에 붙인다. 치질 등 심한 종기를 앓을 때도 남자는 왼쪽 관혈(關穴)에, 여자는 오른쪽 관혈에 마늘떡을 붙인다. 남좌(男左) 여우(女右)는 역(易)의 생리학(生理學)에서 비롯된 것으로, 이 사상은 한국 민속 도처에서 찾아볼 수 있다. 약용 또는 주술용으로 쓰는 마늘은 쪽이 난 마늘보다 통마늘일수록 효력이 크며, 5월 5일 단오날에 캔 것이라야 효험이 있다 했다.

4월 초파일은 마늘을 먹어서는 안되는 금기일로, 모든 음식에 마늘양념을 안하는 습속이 있다. 초파일은 부처님 태어나신 날이다. 금욕(禁慾)을 본으로 삼는 불가나 절에서 자극제인 마늘을 먹지 않는다는 것을 감안할 때, 성스러운 날을 지키겠다는 종교적 배려에서 형성된 습속일 것이다.

마늘은 세계의 자연식품 중 세번째로 영양가가 높다. 마늘 속의 아시린성분은 항균력이 뛰어나 질병에 대한 저항력을 높여준다. 또 비타민 B1의 흡수를 촉진시키며 단백질을 재빨리 소화시키는 작용이 있어, 마늘과 함께 육식을 섭취하면 영양면에서 더욱 효과적이다.

생강

율곡(栗谷) 이이(李珥)는 제자들에게, 세상에 나가면 생강처럼 매서운 개성을 지니고 생강처럼 맛을 맞추어야 한다고 가르쳤다. 생강은 초(醋)나 장(醬), 조(糟) 염(鹽) 밀(蜜)들과 잘 조화하며, 별다른 배척하는 맛이나 음식이 없다. 많은 채소 가운데 생강을 배척한 것은 없으며, 음식에 생강을 넣으면 보다 좋은 맛으로 달라질 뿐 제 맛을 손상하는 법이 없다. 그래서 생강은 양념뿐 아니라 음료인 각종 탕에도 안 들어가는 곳이 없으며, 약도 되고 과자도 되고 술도 되고 차도 된다. 수많은 김치무리에 생강이 안 들어가는 김치가 없음도 그 때문이다.

이처럼 '생강 같은 사람' 이란, 화이부동(和而不同)한 – 화합하되 같아지지 않는 사람을 의미한다. 어느 시대건 가장 이상적인 인간형이다. 생강철학을 숭상해 소동파(蘇東坡) 같은 이는, 생강을 평생 곁에 두고 찬에 넣어 먹고 닳여 먹고 약과 탕에 넣어 먹곤 했으며, 손님이 와도 내놓는 것이 생강음료였다 한다. 《동파별기(東坡別記)》에 보면 이런 글이 있다. "옛날 내가 고을살이 할 때 정자사(淨慈寺)의 총엽(聰葉)이란 스님은 팔십 노승이면서 얼굴이 청년처럼 밝고 눈이 초롱초롱했다. 머리가 흑단처럼 검고, 진맥으로 인간 길흉을 예언했는데 맞추지 못하는 것이 없었다. 심신이 그토록 젊고 총명한 비결을 물었더니, 40년 간 생강을 먹은 것 외에 아무것도 없다 했다". 또 소동파는 "항간에서는 생강을 많이 먹으면 지혜를 흐리고 도를 그르쳐 어리석음으로 인도한다고들 한다. 그런데 공자 또한 생강 먹기를 거두지 않았으니, 그렇다면 생강을 즐겨 먹은 공자도 어리석어야 하고 도학을 그르쳤어야 하지 않느냐"고 반문했다.

생강은 태평양 섬들이 원산지로, 일찍 인도와 중국에 상륙했던 것 같다. 중국의 왕안석(王安石)은 생강(生薑)의 어원에 대해 "백사(百邪)를 강어(疆禦)한다 하여 강(薑)이다"라고 했다. 곧 백 가지 사악을 굳세게 막고 물리친다 해서 '강' 이라는 것이다. 우리 조상들이 이 짐승이 득실거리는 산길을 가거나 밤길을 걸을 때 생강 한쪽을 입에 씹으며 걸었던 것도 이 때문이다. 호랑이뿐만 아니라 각종 악귀와 부정, 사악한 마음도 생강이 쫓을 것으로 알았다. 견딜 만큼 못되게 구는 관리는 '무' 라 했지만, 못 견딜 만큼 악독하게 구는 관리는 '생강' 이라 속칭하기도 했다.

생강의 약효에는 다이어트 효과도 있다. 위부인비전(魏夫人秘傳)이라 해, 산후 처진 배를 원형으로 회복시키는 데 생강찜질을 했다. 처진 복부를 압박대로 감싸 죄어맬 때, 압박대에 생강 김을 쐬어 매면 살을 긴박시키는 효력을 발휘했다. 또 생강 한 되를 기름에 섞어 약한 불에서 하루 종일 닳이면 고약이 되는데, 이 고약을 흰 머리카락을 뽑아낸 구멍에 문지르면 사흘 후 그 구멍에서 검은 머리카락이 돋아난다고도 했다. 임산부가 생강을 먹으면 육손이를 낳는다 하여 못 먹게 했는데, 생강이 뿌리로 증식하기 때문에 생겨난 금기일 것이다.

고추

고추〔苦椒〕와 후추〔胡椒〕는 똑같이 매운 맛을 내는 항신료인데, 고추는 한국 같은 발효음식 문화권에서, 후추는 유럽 같은 유지(油脂)음식 문화권에서 발달했다. 육식을 주로 하는 서양 사람들이 월동 준비로 고기를 저장할 때, 지방산의 부패를 억제하고 고기의 선도를 오래 지속시키는 후추는 반드시 필요한 항신료였다. 우리나라에도 후추는 고추보다 훨씬 먼저 도입됐다. 이규경(李圭景)의 《오주연문장전산고(五洲衍文長箋散稿)》에 보면, 제주도에서 후추나무까지 재배했는데도 그저 약재(藥材)로 쓰이는 둥 마는 둥 했다고 한다. 우리 음식이 유지와는 인연이 멀기 때문이다.

서양의 고기김장에 '후추'였다면, 한국의 채소김장에는 '고추'였다. 발효음식에 있어서 채소나 젓갈류의 산패를 막고 산패 직전의 아미노산 맛을 유지하는 데는 고추의 성분이 마력을 발휘하기 때문이다. 곧 유지 산패에는 후추, 발효 산패에는 고추다.

중미가 원산지인 고추는 콜럼버스의 미 대륙 발견 이후에 세상에 번져나갔다. 1559년 포르투갈 상선에 의해 일본에 전래된 것이 동양에서는 최초로 고증되고 있다. 일본 문헌인 《본조세사담기(本朝世事談綺)》에는 "토요토미 히데요시〔豊臣秀吉〕가 조선 원정에서 갖고 들어왔다" 한다. 일본에서 고추를 고려 후추, 즉 가라〔芥子〕라 불렀다 해서 한반도 전래설이 없지 않으나 일본 전래설이 정설이 되고 있다.

우리나라에서는 선조 때 학자 이수광의 《지봉유설》에서 고추가 외국에서 건너왔기에 '왜개초(倭芥草)'라 부른다 했다. 선조 말년께만 해도 고추는 상식(常食) 단계가 아니라, 술집 마당에서 조금씩 가꿔 고추술을 만들어 파는 정도였다. 《오주연문장전산고》에 보면, 추운 날 먼 길 떠나는 사람이 배에 고추를 넣어 만든 복대를 차고 버선틈에 고추를 넣어 신었다 했다. 고추의 자극성으로 혈행(血行)을 좋게 해, 추위를 안 타게 하는 용도다.

고추는 전략 무기로도 쓰였다. 고추를 태운 연기를 적진에 날려 적군의 눈을 못 뜨게 하고, 매운 기침으로 혼란을 일으킨 다음 급습을 감행는 화생방 무기로 썼다. 기습작전으로 고춧가루를 얼굴에 뿌리는 전법도 있었다. 따라서 고추가 임진왜란 때 왜군의 전략무기로써 전래됐을 가능성도 있다. 내외 문헌을 비교할 때 고추가 우리나라에 도입된 것은 왜란이 일어났던 1592년에서 1600년 사이며, 중국에 건너간 것은 당시 조선에 파견된 명나라 원군에 의한 것으로 추정된다.

고추가 한국의 발효문화에 조화돼 김치라는 위대한 음식을 창조한 것은 17세기 후반의 일이 아닌가 싶다. 이미 그 무렵에는 우리 산에서 나는 산초(山椒)를 넣어 김치를 담가 먹었다는 기록이 있다. 외래품인 고추를 이 산초 대신 넣어 먹은 것이 매우 좋은 반응을 일으킨 것 같다.

박지원(朴趾源)의 《열하일기(熱河日記)》에 보면, 병자호란(丙子胡亂) 때 중국 땅에 잡혀와서 귀화한 한국인 노파가 한국에서 먹었던 것과 같은 김치를 담가 생계를 유지했다는 기록이 있다. 바로 1712년의 일이다. 노파의 김치가 고추를 넣은 것이었는지의 여부는 확인할 길이 없다. 다만 1715년 이전에 간행된 《산림경제(山林經濟)》란 책에 김치 담그는 법 열댓 가지가 기재돼 있는데, 거의가 종전처럼 소금이나 젓갈에 담그는 법이요 겨우 두어 가지에만 고추를 쓴 것으로 돼 있다. 고추를 넣은 붉은 김치는 1700년대 전반을 기해 형성됐다는 것을 알 수 있다.

고추와 우리의 된장 문화가 이상적으로 절충해 고추장이라는 발효문화의 극치를 이룬 것도 1700년대 후반의 일로 보인다. 19세기 초의 문헌들에는 이미 순창고추장과 천안 고추장이 팔도의 명물로 기재돼 있다.

갓 하면 연상되는 것이 갓과(科) 작물의 씨앗인 겨자씨다. 갓을 한문으로 '개(芥)' 라 하고, 그 씨앗은 '개자(芥子)' 라 한다. 개자가 '겨자' 로 전환된 것이다. 겨자는 씨앗 가운데서도 별나게 잘며, 잘기에 하찮은 극소물에 자주 비유됐다.

불교경전에서 겨자는, 우주 삼라만상의 총체로 극대물(極大物)인 수미산(須彌山)과 대치된 극소물로 나온다. 다음은 《유마경(維摩經)》에 나오는 대목이다. "불가사이한 해탈 경지에 이르면 수미산과 같이 크고 넓은 것을 겨자 속에 넣어도 늘고 줄음이 없다". 원시불전에도 다음과 같은 대목이 나온다. "연잎에 구르는 이슬이나 송곳 끝의 겨자처럼 아무런 욕정에 더럽혀지지 않은 사람을 바라문이라 부른다". 불교 발생지인 인도에서 겨자가 철학적으로 많이 인용됐던 것은 옛부터 갓 재배를 많이 했기 때문이다. 지금도 여염에서 기도할 때나 죄의 소멸을 기원하는 멸죄(滅罪)의식에 불가결의 기름이 되고 있다.

마태복음 마가복음 누가복음 등의 신약성서에도 장래를 내포한 미세물로서 겨자가 상징적으로 등장한다. 그리고 셰익스피어의 〈한여름밤의 꿈〉에서 겨자는 작은 요정으로 나온다. 영어에서 '한 톨의 겨자씨' 하면 지금은 별볼일 없지만 미래가 기약되는 사람이나 사물을 의미하고, '겨자처럼 매섭다' 하면 무슨 일에 열중한다는 뜻이다.

갓의 씨뿐 아니라 잎과 대를 먹기 시작한 것도 무나 배추보다 오래됐다. 《본초강목》에는 갓이 맵고 매서운 맛을 지니며 굳세고 의연한 모습이라 하여, 그 뜻을 담은 풀, 개(芥)라 이른다고 풀이했다. 갓에는 청개(靑芥) 자개(紫芥) 백개(白芥) 남개(南芥) 선개(旋芥) 화개(花芥) 석개(石芥) 등 종류가 많으며, 남방에는 키가 50척이나 되는 갓나무와 열매가

계란 크기만한 것도 있다 했다. 중국 옛글에 "매실이란 말만 들어도 침이 나고, 갓이란 말만 들어도 눈물이 난다" 했듯이 옛날 갓은 지금의 것보다 한결 매웠던 것 같다. 1차세계대전 중 독일이 벨지움에 투하한 폭탄 가운데 발포성 자극을 인체에 가하는 겨자가스 폭탄이 있었다. 바로 갓에서 추출한 매운 성분이 주원료였다.

갓을 먹어온 역사는 꽤 길다. 고대 희랍과 로마에서도 밀밭에 자생하는 갓을 약초로 썼는데, 사랑의 묘약 곧 최음제(催淫劑)와 피임제(避妊劑)로써 바람둥이의 필수품이었다. 비둘기에게 먹히지 않는 한 몇 년 동안 생명력을 유지하는 보리밭의 야생갓은, 여린 잎을 따다 샐러드로 무쳐 먹는 식용으로도 쓰였다. 또 갓잎을 먹으면 기억력이 좋아지고 기력을 자극해 피로회복에 좋다 하여, 재배작물로써도 유럽에 번져나갔다.

육식에는 갓 샐러드가 필수였다. 영어 속담에 '갓 없는 고기요리' 하면 달 없는 사막, 불 꺼진 항구를 빗댄 것이고, '고기 먹고 난 후의 갓' 하면 적시를 놓쳤음을 빗댄 것이다. 우리 옛 식속에 봄날 회먹을 때는 파가 좋고 가을 회 먹을 때는 갓이 어울린다 했듯이, 서양에서도 갓은 어육 먹는 데 향신료로써 필수였다. 1720년 조지 1세가 먹어보고 격찬했다는 영국의 더람 머스타드, 프렌치 머스타드 등의 조리용 겨자는 이미 상품화된 향신료로서 유명하다.

우리나라에서는 갓으로 김치를 담그기도 하고, 동치미 등에 매콤한 맛과 붉은 빛을 내기 위한 첨가료로도 많이 쓴다. 겨자로는 생채와 육류 전복 등을 그 즙에 무쳐 겨자채를 만들어 먹기도 한다.

달래

소산(小蒜), 즉 달래는 중국 도처에서 자생하던 야초(野草) 가운데 하나였다. 손염(孫炎)이 지은 《이아정의(爾雅正義)》에 보면, 천자가 달래가 많아서 산산(蒜山)이라 불리는 산에 올라 마늘을 캐어 먹고 식중독에 걸렸는데, 이때 야생의 달래를 캐어 먹고 씻은 듯이 나았다고 했다. 사람에게 유익한 풀이라 해서, 이를 황궁의 밭에 옮겨 심게 하고 가꾼 것이 작물로서의 시작이었다.

마늘의 약효가 건국신화에 나오듯이 달래의 약효도 태고적부터 알려져 있었다. 후한의 소문난 의원 화타(華陀)는 이미 그 무렵에 마취술을 활용한 의원으로, 100세가 넘도록 젊음을 유지했다. 어느날 화타가 길을 가다가 한 병점(餠店)에서 쉬는데, 만성 소화불량으로 죽어가는 사람이 있었다. 화타가 달래를 캐서 즙을 낸 후 환자에게 두 되를 먹이자 병이 씻은 듯이 나았다 한다. 이연수(李延壽)의 《남사(南史)》에도 달래의 약효가 나온다. 이 도념이라는 이가 5년 동안 영문 모를 병으로 누워 있었다. 의술에 트인 정승, 저징(袛澄)이 평소에 삶은 달걀을 과식한 때문이라 하면서 환자에게 달래즙 한 되를 먹이니, 병아리 형상의 이물을 열두 개나 토하면서 병이 나았다 했다. 옛부터 우리 조상들은 저주(詛呪)로써 얻은 병을 가장 두려워했는데, 이같은 저주에 유일한 해독제가 바로 달래였다.

당나라 때 농서에 "달래로 김치를 담그면 부추나 파보다 낫다" 했으니, 달래가 김치 재료로 쓰인 역사도 길다. 달래 생채, 달래 김치를 비롯해서 달래 깍두기도 담가 먹었다. 달래 깍두기는 부채꼴 모양으로 썬 무와 달래에 고춧가루 새우젓 멸치젓 양념을 넣고 버무린 것으로, 사흘만 두면 알맞게 익는다.

매캐한 맛 때문에 달래는 자극미(刺戟味)를 좋아하는 한국인이 무척 선호한 생채다. 서양 사람들은 사원미(四元味)인, 달고 시고 쓰고 짠 맛밖에 모른다. 이에 비해 한국 사람은 매운 맛 하나를 더 체질화한 오원미(五元味) 민족이다. 매운 맛은 미각신경을 자극해, 타액 분비를 재촉하고 식욕을 증진시키는 중요한 맛이다. 매운 맛을 내면서 주로 양념으로 쓰이는 고추 파 마늘 생강과 달리, 달래는 적당하게 매운 맛을 지니며 생채로도 먹을 수 있는 유일한 식품이다.

경기도 지방에서는 경칩이 지나면 신감채(辛甘菜), 곧 가장 먼저 나는 산채 다섯 가지를 뜯어 왕궁에 공납하는 의무가 있었다. 신감채 가운데 대표적인 나물이 달래인데, 임금님이 달래 생채를 맛보고 봄이 오는 것을 알았다는 옛 시도 있다.

달래는 신선한 계절 미각의 선두주자일 뿐 아니라 영양면에서도 뛰어나, 비타민 A, B1, B2, C를 골고루 지녔다. 옛 민요에 "달래 먹고 예뻐졌나" 하는 대목이 있듯, 특히 달래는 피부의 젊음과 건강을 다스리는 부신피질호르몬의 분비를 자극시키는 미용음식이다.

달래는 삶으면 60 - 70퍼센트의 비타민C가 파괴되므로, 날로 먹는 게 좋다. 초를 약간 치면 달래 속의 비타민C가 더욱 활력을 갖는데, 우리 선조들은 분석도 해보지 않고 이미 달래 생채에 초를 쳐 먹는 지혜를 보였다. 달래는 알칼리식품이므로, 산성 노이로제에 걸린 현대인에게도 반가운 식품이다.

85

젓갈류

젓갈

세상에서 가장 원초적인 맛은 소금 맛이다. 육류건 야채건 곡물이건, 소금만 치면 먹을 수 있다. 소금 맛을 제1의 맛이라 하면, 문명이 발달하면서 생긴 각종 소스, 즉 양념은 제2의 맛이다. 나아가 이제 세상은 서서히 제3의 맛 시대로 옮아가고 있다는 것이 미래학자 토플러의 예견이다. 제3의 맛인 발효 맛은 서양 사람에게는 새로운 것이지만, 우리에게는 옛날부터 익숙해져온 것이다. 제2의 맛은 소스를 첨가해서 내는 맛인데 비해, 제3의 맛은 식품 자체에서 우러나는 것으로, 보다 문명적이다.

우리가 예로부터 일상적으로 먹는 간장 된장 고추장 같은 장류(醬類)와 김치 깍두기 물김치 같은 김치류, 그리고 새우젓 조개젓 생선젓 같은 젓갈류가 전형적인 제3의 맛이다. 김치는 이미 파나마의 식료품점에서 살 수 있게 됐고, 간장도 '맛으로의 모험'이란 캐치프레이즈로 구미의 텔레비전 광고에 등장할 만큼 국제식품이 되었다.

세계 영양학자들은 한국의 수산 발효식품인 각종 젓갈이 단백질 분해작용으로 보나 풍부한 유산균 비타민 무기질을 갖춘 것으로 보나, 또 특유한 발효 맛으로 보나 국제적으로 뛰어난 식품임을 인정했다. 함유된 소금의 분량을 20퍼센트에서 8퍼센트 정도로 낮출 수 있다면 국제식품으로 널리 보급될 수 있을 것이라 했다. 고려취(高麗臭)라 하여 외국인들로 하여금 코를 막게 했던 젓갈이, 이제 제3의 맛 시대를 맞아 각광을 받는 것이다.

중국의 문헌 《제민요술(齊民要術)》에 한 이야기가 있다. 옛날 한(漢)나라 무제(武帝)가 동쪽 오랑캐를 쫓아서 산동반도 끝 황해의 바닷가에 이르렀는데, 어디서인지 코에 와닿는 냄새가 있어 회를 동하게 했다. 부하를 시켜 냄새의 원천을 찾게 한 결과, 어부들이 소금에 버무린 어장(漁腸)을 항아리에 넣어 땅에 묻었다가 이것이 삭아서 맛이 배어 오르면 꺼내 먹는다는 것을 알았다. 오랑캐를 쫓다가 얻은 음식이라 하여 젓갈을 '축이(逐夷)'라 이름 지었다. 이같은 기록으로 미루어 동이족(東夷族)이 젓갈의 문화를 유지하고 발달시켜왔음을 알 수 있다.

중국에서 가장 오래된 자서(字書)인 《이아(爾雅)》에 젓갈을 뜻하는 '지(漬)'가 나온다. 또 말레이반도의 어장(魚醬)인 '부쓰우', 베트남의 '녹맘', 보르네오의 '자크트', 일본의 '소쓰루' 등 아시아 지역에도 수많은 젓갈이 있지만, 우리의 젓갈이 국제적 입맛에 가장 잘 맞는다고 평가됐다. 옛날 법도 있는 집 마님은 서른여섯 가지 김치, 서른여섯 가지 장, 서른여섯 가지 젓갈을 담글 줄 알아야 했을 만큼, 우리나라는 발효식품의 최선진국이었다. 그 작은 새우의 미세한 알만을 따내 젓갈을 담글 정도로 젓갈문화가 발달돼 있었다.

서양 사람의 혀에는 발효미 감각이 전혀 없지만 한국 사람에게는 매우 발달돼 있다는 것도 발효문명국으로서의 생리적 입증이라 할 수 있다. 재료로부터 자연스럽게 우러나는 제3의 맛, 발효식품 젓갈이 국제사회에서 한껏 부각되리라 기대한다.

청각

우리 조상이 먹어온 해조의 대종으로, 미역 김 파래 다시마 그리고 청각을 들 수 있다. 그중 후각미(嗅覺味)와 촉각미(觸覺味)를 고루 갖춘 음식 재료가 청각이다. 바다의 바위벽에 기생하는 청각은 철사만한 굵기로 3−5인치쯤 자라며, 마치 사슴뿔처럼 생겼다 하여 '청각채(青角茶)' 또는 '녹각채(鹿角茶)'라고도 한다. 청각은 따서 말려두었다가, 쓸 때 다시 물에 불린 다음 초를 약간 치면 처음처럼 생기가 돈아난다.

김치, 특히 물김치에 불가결의 양념이다. 청각의 향기는 젓갈이나 생선의 비린내를 완전히 가시게 하고, 맛이 과하여 질리는 것이나 마늘 냄새로 역겨운 것도 중화시킨다. 김치 맛을 고상하게 하고, 김치 먹고 난 뒷맛을 개운하게 하는 맛의 마술사다.

중국 《본초강목》에 보면 청각은 웬만한 식중독도 해독한다 했다. 우리 속방에 "식중독에 걸리면 김치 국물에 지렁이를 띄워 먹으면 낫는다" 했는데, 여기서 지렁이는 실제의 지렁이가 아니라 바로 김치에 넣은 청각을 말하는 것이다. 김치 속의 청각이 마치 검은 지렁이같기에 지렁이로 속칭한 것이다.

청각은 씹었을 때 물씬 향내가 풍길 뿐 아니라, 그 씹히는 맛도 일품이다. 나물처럼 초를 쳐서 무쳐 먹기도 하는데, 오돌오돌 씹히는 맛으로 해변 사람들에게는 향수어린 식품이다. 청각은 말려놓으면 한낱 시든 풀에 불과하지만, 물에 담갔다가 초를 치면 생생하게 발기된다. 이를 유감(類感)하여 우리 속방에서 사나이들의 보양음식으로도 알려져왔

다. 그러나 《본초강목》에는 사나이가 청각을 오래 먹으면 경락(經絡)과 혈기를 손상해 안색이 나빠진다 했다. 아무튼 김치 속의 청각은 후각미와 촉각미, 보양까지 갖춘 삼위일체의 식품이다.

미역이나 김 같은 해조류를 상식(常食)하고 즐기는 민족은 한국인과 일본인뿐이다. 《본초강목》에도 김은 아예 안 나오며, 미역은 신라미역이나 고려미역이라 하여 한국에서 건너간 것을 약제(藥劑)로 쓴다 했다. 해조류는 섬 사람들이 야채를 대신해서 먹는 것으로, 육지 사람이 먹으면 병이 생긴다고도 했다. 그러나 한국 사람은 이미 고려시대부터 해조식을 했다는 기록이 있다. 송나라 사신의 고려 견문기 《고려도경(高麗圖經)》에 보면, 고려에서는 해조(海藻) 곤포(昆布) 등을 귀천없이 즐겨 먹고 있는데, 짜고 비린내가 나지만 오랫동안 먹어 버릇하면 그런대로 먹을 만하다고 나왔다.

고려의 미역은 유명했던 것 같다. 《고려사》에 보면 문종 12년에 임금이 미역밭을 하사했다는 기록이 나온다. 문종 33년(1079)에는 일본 상인이 해조 3백속(束)을 갖고 와서 흥왕사(興王寺)에 바치고 왕의 축수(祝壽)를 원했다고 했는데, 해조류의 한일교류 역사가 꽤 깊었음을 알 수 있다. 고려시대의 가곡인 《청산별곡(青山別曲)》에도 해조가 나온다. "살어리 살어리랏다/나마자기[海藻] 구조개랑 먹고/바다에 살어리랏다". 특히 미역국은 한국의 산속(産俗)과 밀접한 관련을 맺으며 전승돼온 너무나 한국적인 음식이다.

소금

생명의 원천인 소금을 우리 선조들은 어디서 채취했을까. 바닷물과 짠 호숫물을 증류해서 만드는 것 외에도 채취원은 다양했다. 염분을 품은 흙 속에서 소금을 빼내는 토염(土鹽) 또는 융염(戎鹽)이 있고, 자연적으로 결정된 석염(石鹽)이 있었다. 《물리소식(物理小識)》에 보면 목염(木鹽)이라는 것도 있는데, 소금성분이 있는 나뭇가지가 있어 이것으로 숯을 만드는 과정에서 염분을 빼낸다 했다. 같은 기록에 초염(草鹽) 또는 연염(連鹽)이 있다. 특수한 풀 속에 있는 소금을 채취하는 것이다.

가장 원시적인 채취원은 야생동물의 살과 피 속에 있는 염분이었다. 수렵민족이나 목축민족은 동물의 고기나 피를 먹기에 목숨이 위태로울 만큼 소금 부족은 느끼지 않았다 한다. 원시종족사회에서 동물의 피를 신성시하고 피에 대한 금기가 많은 것도, 그 피가 염수요 생존의 조건이었기 때문이다.

그러나 정착 농경민인 우리 선조들은 소금의 결핍을 태고적부터 느껴왔다. 초식민족이었기에 동물의 피 속에서 염분을 취할 수 없었고, 중국처럼 소금이 나는 흙이나 나무, 풀이 있는 것도 아니어서 무척 소금의 결핍을 느끼며 살았다. 소금 섭취의 부족으로 생겨난 체내의 나트륨 결핍과 칼륨 과잉의 불균형은, 분명 한국인의 체질에 어떻게든 영향을 미쳐왔을 것이다.

특히 바다에서 먼 산간 지방에서는 소금을 얻기 위해 독자적인 수법을 터득했다. 이규경의 《오주연문장전산고》에 보면 우리나라 서북 지방의 벽지에서 소금을 어떻게 만들어 썼는가 하는 사례가 나와 있다. '구(蘆)'라는 너도개미자리과에 속하는 다년초와 '욱(藿)'이라는 앵두나무과에 속하는 낙엽관목이 있는데, 그 풀과 관목의 순을 잘라 나무통 속에 재어둔다. 햇볕이나 비에 닿게 밖에 놔두면 그 순이 썩는데, 썩은 진액에서 여름철에 구더기가 끓는다. 구더기가 가득해지면 구더기 자체에서 염분이 배출되는 것이다. 찌꺼기를 가라앉히고 그 염분을 떠서 그대로 음식의 간을 맞췄다. 이규경은 "그 더러운 것을 모르고 음식에 간을 한다" 했다. 이것이 목염 초염 석염 혈염보다 발달된 충염이다.

함경도 산간 지방이나 만주 영고탑(寧古塔) 지방에서는 서리 맞은 산나물 수채(水荣)를 뜯어다가 물과 더불어 독 속에 재어 아궁이 곁에 두었다. 이것이 장이 되는데, '승염(勝鹽)'이라 한다 했다. 소나 말똥을 태워 물에 탄 다음 소금을 얻기도 했다.

한국 사람은 주로 식물식(植物食)을 하기에 소금을 많이 필요로 한다. 하루 식염필요량은 성인의 경우 13g 내외인데, 이 정도만 섭취하면 미각적으로도 생리적으로도 충족된다. 육식을 주로 하는 유럽 사람들은 한국인의 3분의 2 내지 반 정도의 소금 섭취로 충분하다. 인도의 힌두교도들은 신성시하는 소의 오줌을 마시거나 몸에 칠함으로써 염분을 보급하는 지혜를 터득했다. 감자가 주식인 남미 인디언들은 길을 가면서 설탕 먹듯이 암염덩이를 먹고 다닌다.

짜고 싱거움에는 어떤 객관적 표준이 있는 것이 아니다. 민족이나 개인의 생리적 요구, 곧 혈액의 염분농도가 그를 좌우한다. 혈액의 염분농도가 낮은 사람이 간을 맞춘 음식은 짜고, 반대의 경우는 싱겁다. 화가 났을 때, 신경을 썼을 때, 사랑에 빠졌을 때, 노심초사했을 때 혈중 염분농도는 저하된다. 그런 사람이 만든 음식은 짤 수밖에 없다.

새우젓

중종 때 판서를 지낸 청빈한 선비 김안국(金安國)이 인심을 잃어가며 재물을 모으고 있는 한 친구에게 훈계의 편지를 띄웠다. 그 편지 가운데 "밥 한 숟가락에 새우젓 한 마리만 얹으면 먹고 살 수 있는데" 하는 대목이 있다. 새우젓은 한국 사람이 흰밥을 목구멍에 넘길 수 있는 최소 단위의 건건이요, 오랜 빈곤 수천 년을 살아낼 수 있었던 최저의 생존조건이었다. 그래서인지 옛날 산촌에 새우젓장수가 들르면 처녀는 중신아비 들르는 것보다 반갑고, 서방님은 장모 들르는 것보다 반가웠다는 속담이 있다. 새우젓장수는 부잣집 사랑에 모셔졌고, 젊은 무당을 곱게 단장시켜 슬며시 그 방에 넣어주곤 했다.

삼남 지방의 속어에 '덤통 웃음'이라는 말이 있다. 목적을 위해 계략적으로 웃는 웃음이다. 새우젓장수는 젓갈이 들어 있는 알통과 젓갈국물이 들어 있는 덤통 둘을 나란히 메고 다녔다. 젓갈을 산 사람들이 덤통을 바라보며 히죽이 웃어 새우젓장수의 애간장을 간지럽히면, 장수는 덤통을 열고 젓국을 더 퍼주었다는 데서 생긴 말이다.

짚신 고무신 김치 빈대떡 하면 한국을 자연스레 연상하듯, 새우젓에도 한국의 본질이 있다. 김치가 세계적인 음식으로 부상되고 빈대떡이 국제적 한국식품으로 손꼽히고 있듯이 새우젓도 국제적 각광을 받기 시작했다. 미식(美食) 민족들은 나름대로의 젓갈문화를 누리고 있다. 중국 젓갈인 지, 말레이시아 젓갈인 부쓰우, 베트남 젓갈인 녹맘, 보르네오 젓갈인 자크트, 일본 젓갈인 소쓰루가 있다. 하지만 단백질 분해작용이나, 풍부한 유산균 무기질 비타민 함유량과 특유한 발효 맛으로 보아, 한국의 젓갈이 제일 뛰어나다는 것이 구미 식품학자들의 반응이다. 유엔기금에서 미래의 국제식품으로 개발할 뜻을 보여, 1995년 여름에는 한국 젓갈에 대한 국제학술세미나까지 열었다.

신라 신문왕이 김흠운(金歆運)의 딸을 왕비로 삼을 때 예단으로 보낸 품목에 이미 젓갈이 들어 있는 것으로 보아, 젓갈의 역사는 유구하다. 그 젓갈의 대종이 새우젓이다.

조기젓

세상에는 1만 3천여 종의 물고기가 있는데, 식탁에 오르는 것은 3백 50종이 고작이라 한다. 그중 우리나라 사람이 먹는 물고기가 1백 50종이나 된다 하니, 한국인은 양적으로나 질적으로 일본인에 버금가는 어식민족(魚食民族)이다. 한국과 일본 다음으로 생선을 많이 먹으며, 또 국책으로 생선 먹기를 권장하고 있는 이집트에서도 생선은 일주일에 한 번 먹으면 많이 먹는 편이라 한다.

각 민족의 체질에 따라 즐겨 먹는 생선이 상당히 다르다. 중국 사람들은 잉어, 일본은 도미, 미국은 연어, 프랑스는 넙치, 덴마크는 대구, 아프리카 사람들은 메기를 즐겨 먹는다. 한국 사람이 가장 즐겨 먹는 생선은 조기다. 그리고 김 오징어 굴 갈치 꽁치 고등어 명태 순으로 해물(海物)을 즐겨 먹는데, 김과 굴 등 몇 가지를 빼놓고는 딴 나라 사람들이 거들떠보지도 않는 생선만을 골라 선호하는 점이 특이하다.

우리는 다른 나라 사람이 즐기는 생선들을 잘 먹지만, 딴 나라 사람들은 우리가 즐겨 먹는 생선을 입에 대지 않으려 한다. 생선 맛에 따른 내셔널리즘이 강하게 나타나는 것이

다. 특히 우리의 전통적인 선호 생선으로 쌍벽을 이뤄온 조기와 명태는 한국 사람만이 먹는 생선이다. 조기는 미국 연안에 80종, 유럽에 20종, 열대에 37종, 일본에 14종이나 있다는데 11종밖에 없는 우리나라에서만 최고로 선호된다. 덕분에 조기는 민족색(民族色)을 대변하는 개성 있는 민족 생선이다.

중국 고대 문헌인 《설문해자(說文解字)》에 낙랑(樂浪)에서 조기가 난다고 적힌 것을 보면, 조기를 먹어온 역사도 유구하다. 철쭉꽃 필 무렵 서해안에서 조기를 잡아 선상에서 소금에 절여 만든 굴비는 "나라 안에서 귀천 할 것 없이 고루 많이 먹으며, 가장 맛있는 해물"(《임원십육지(林園十六志)》)이었다. 중국에서는 조기와 굴비를 안 먹지는 않았지만, 석수어(石首魚)라 해 설사나 소화제 또는 해독제로서 널리 알려져 있다.

바닷속에 넣은 죽통(竹筒)을 통해 조기 암수가 사랑의 약이 올라 울어대는 것을 감지한 후 그를 잡았는데, '약조기'라 해 상품(上品)으로 쳤다. 사랑을 맛으로 전환시켜 감식한 미각이 참으로 형이상학적이다. 김치라는 문화적 마술에 조기젓갈의 비중은 막대하다.

어리굴젓

해산물은 민족이나 나라에 따라 기호가 무쌍하다. 한데 세상 사람들 모두가 한결같이 즐겨 먹는 것이 꼭 한 가지 있다. 굴[牡蠣]이다. 토머스 풀러가 "사람이 날로 먹을 수 있는 유일한 육류가 굴이다"고 말한 것으로 미루어, 유럽에서 생식하는 단 한 가지 해산물이 굴이었던 것 같다.

굴은 이미 로마시대부터 양식했다는 기록이 있다. 서양에서는 연중 이름에 'R'자가 안 든 달[月]에는 굴을 먹지 말라는 속전(俗傳)이 있다. 5월에서 8월 사이가 해당되는데, 굴의 산란기라서 맛도 떨어지고 독성(毒性)이 있기 때문이다. 셰익스피어의 〈맘 내키는 대로〉에 굴을 언급한 대목이 나온다. "더러운 굴 껍데기 속에 진주가 박혀 있듯, 가난한 집에도 마음이 풍요로운 정직한 사람이 살고 있다". 입이 무거운 사람을 '굴 같은 사나이'라 하고, 정조가 강한 여인을 '굴같이 닫힌 여인'이라 한다. 도덕적으로 긍정적인 이미지를 누려온 굴이다.

우리나라에서도 굴을 먹은 역사는 유구하다. 부산 동삼동과 강화도의 조개무덤에서 굴 껍데기가 많이 출토됐는데, 그중에는 아이 머리만큼 큰 것도 있다. 《고려도경》에도 고려 사람이 상식하는 어패류로서 굴이 거론됐다. 조선조 때 허균(許筠)이 지은 《도문대작(屠門大嚼)》에 보면, 동해의 함경도 고원(高原)과 문천(文川)에서 나는 굴이 크고 좋은데, 맛은 서해안에서 나는 것보다 못하다고 했다. 해가 돋는 동쪽으로 머리를 두고 있는 굴을 보면 굴 따는 여인들이 얼굴 붉히며 치마 속에 감추느라 허겁지겁한다는 말이 있는데, 남편에게 먹이면 밤새 보채는 사랑의 묘약으로 알려져 있기 때문이다.

서양 사람들은 고작 생굴에다 레몬 케첩 초를 쳐 먹고, 일본 사람들은 굴로 각종 냄비 굴밥, 굴프라이, 훈제(燻製)굴 음식을 해먹는다. 염지(鹽漬)를 한 후 굴젓을 담가 발효해 먹는 건 우리 민족뿐이다. 근세에 고추가 들어오면서는 굴젓에 고춧가루를 배합시켜 맛을 어리하게 한 어리굴젓을 창조해 냈다.

서산 간월도(看月島)의 어리굴젓이 제일이다. 이곳에서 나는 굴은 알이 작은 데다가 고춧가루를 알맞게 흡수하는 솜털이 나 있어, 어리한 맛을 내는 데 당할 굴이 없다.

오징어젓

임진왜란 때 원병(援兵) 온 명나라 장수가 의주에 피난 가 있는 선조(宣祖)에게 '계두'라는 희귀한 음식을 선물로 바쳤다. 계수나무 속에서 자라는 벌레를 볶은 것으로, 월남 왕이 공물로 바치는 귀물(貴物)이었다. 한데 선조 임금은 오래도록 주저하고 젓가락을 대지 않았다. 대신 선물에 대한 반례로 '십초어(十梢魚)' 국을 보냈는데, 명장 역시 난처한 빛을 보이며 먹지 않았다 한다.

십초어란 바로 오징어다. 다리가 여덟 개인 문어나 낙지를 팔초어라 하고, 다리가 열 개인 오징어를 십초어라 부른 것이다. 실은 오징어의 다리도 여덟 개다. 양쪽으로 별나게 긴 두 다리는 다리가 아니라 팔이다. 그 긴 팔은 먹이를 잡아먹을 때 쓰며, 사랑을 나눌 때 암컷을 힘껏 끌어안는 수단으로도 쓴다 하여 '교미완(交尾腕)'이라고 부른다.

동해안에서는 부녀자가 오징어팔을 먹으면 흉이 된다는 터부가 있다. 반면에 오징어팔 서른세 쌍만 뜯어먹으면 속살이 찌고 남편한테 굄을 받는다 하여 오징어 말리는 해변에 오징어팔 도둑이 성행했다고도 한다. 노련한 어부는 몸에 오색이 영롱한 오징어가 걸려들면 다시 환생시켜주는 것이 도리라고 말한다. 오색빛이 나는 것을 공작(孔雀)오징어라 속칭하는데, 발정(發情)하여 암컷을 찾아다닐 때 잠시 발광하는 수놈의 체색으로 인한 것이다. 공작오징어를 잡지 않는 것은 오징어의 발정을 보장해 주는 인간적 배려 때문이기도 하지만, 한 번의 사랑에 30만 – 50만 개의 오징어알을 낳는다는 수자원적 계산도 작용했을 것이다.

세상의 모든 수컷에 비해 암컷의 삶이 상대적으로 불행한 건 상식이지만, 특히 오징어 암컷은 가엾기 짝없다. 오징어 수컷은 음흉해 성적으로 미숙한 소녀 오징어를 노려 겁탈한다. 소녀 오징어는 수컷의 정자를 체내에 보관했다가 성숙한 뒤에야 결합하는 지각 부화를 한다. 그렇게 알을 낳은 후 순사(殉死)한다. 그 삶이 길어야 1년이니, 원통하고 억울한 암 오징어의 일생이다.

오징어는 '오적어(烏賊魚)'로 표기한다. 오징어는 까마귀 잡아먹기를 좋아해, 해면에 죽은 체하고 떠 있다가 까마귀가 쪼려 들면 다리로 얽어 끌고 들어가 잡아먹는다. 그래서 까마귀의 적, 곧 오적어가 됐다는 설이 있다. 오적어가 부르기 쉽게 구개음화해 오징어가 됐을 것으로 추측된다. 믿지 못하거나 지켜지지 않는 약속을 '오적어 묵계(默契)'라 하는데, 오징어 먹으로 글을 쓰면 1년 만에 먹글씨가 증발해 소멸하기 때문이다. 김치 담그는 젓갈로서 오징어젓의 비중이 점점 높아지고 있다.

계절과 김치

김만조 — 金晩助

겨울 김치

통배추김치

통배추 김치

한국 가정에 전래돼온 가장 대표적인 김치로, 이른가을부터의 풍요로운 계절 맛을 지닌 김치의 주류다. 늦가을부터 다음해 봄까지 보존하는 김장이며, 전통김치의 대표다. 가을철에 영글어 수확된 품질 좋은 배추와 무를 주재료로 하며, 여러 가지 향신채소류, 조미제, 젓갈 또는 어육류를 배합해 추운 계절을 거치는 동안 온전히 숙성 발효된다. 김장김치의 저장은 한국의 식문화를 세계에 자랑할 빛나는 지혜며 훌륭한 과학이다.

재 료

- 통배추 3-4포기(6kg): 중간 크기
- 무 1-2개 (1kg): 중간 크기. 가늘게 채 썰어 김치속(양념)으로 사용한다
- 소금 600g: 일반염
- 수돗물 혹은 청정한 우물물
- 쌀가루풀 1컵(1cup): 찹쌀 또는 맵쌀가루로 끓인 맑은 풀죽
- 액젓 1/2컵(1/2cup): 가정에서 달인 맑은 젓국물 혹은 시판 액젓
- 새우젓 1/4컵(1/4cup): 곱게 다진 새우 육젓. 다른 종류의 젓갈도 쓸 수 있다
- 김치용 고춧가루 1/2컵(1/2cup)
- 고운 고춧가루 1/2컵(1/2cup)
- 다진 마늘 1/2컵(1/2cup)
- 다진 생강 1/3컵(1/3cup)
- 굵은 파 1/2컵(1/2cup): 4cm 길이로 썬다
- 갓 1/3컵(1/3cup): 4-5cm 길이로 썬다
- 미나리 1/2컵(1/2cup): 갓과 같은 길이로 썬다

담그는 법

◑ 배추는 떡잎과 상한 겉잎들을 따버리고 뿌리를 자른다.
뿌리 쪽에서부터 칼을 넣어 약 1/4 정도 가른 후, 손으로 나머지를 쪼갠다. 이때 배춧잎 부분까지를 칼로 자르면, 나중에 배추를 절이고 썻을 때 속잎 부분들이 모두 떨어지게 된다. 뿌리나 줄기 부분을 칼로 어느 정도 가른 다음, 나머지는 반드시 두 손으로 쥐고 쪼개야 한다.

◑ 항아리나 크고 넓은 통에 미리 약 8-10% 농도의 소금물을 마련해 둔다.
그 속에 두 쪽, 혹은 네 쪽으로 쪼갠 배추를 잘 적신다. 쪼개진 쪽을 위로 해서 전부 담고, 윗소금을 약간 뿌린 뒤 눌림을 올려둔다.
김장 배추를 절이는 기간은 대개 30-36시간 정도다. 사용한 소금의 양과 기온, 배추의 양 등에 따라 조금 달라지지만, 김장의 계절이라 해도 이틀을 넘기는 건 안 좋다. 무 배추의 조직이 물러지거나 전체 김치 맛에 좋지 않은 영향을 미치기 때문이다. 무나 배추는 줄곧 소금물에 잠겨 있어야 하므로,

절이는 동안에도 한두 번 뒤집어서 골고루 잠기도록 손본다.
절임과정에서부터 온전한 김치 맛이 형성되는 것이다.

◑ 알맞게 숨이 잘 죽은 배추는 곱게 다뤄야 조직이 상하지 않는다.
배추 몸에 상처나 멍이 들지 않게 얌전히 만지며, 충분한 양의 냉수에서 두세 번 씻어 헹군다. 그런 다음 절일 때와는 반대로 배추의 자른 부위를 아래쪽으로 해서, 큰 소쿠리 등 쪽에 엎어 물기를 뺀다.
위의 절임과정은 어떤 종류의 김치 담그기에서도 빠뜨릴 수 없는 공통되며 중요한 처리과정이다.

◑ 김치속(양념)을 마련한다.
넓고 큰 그릇에 쌀가루풀죽(끓여서 식힌 것)과 젓국물, 다진 육젓, 고춧가루, 마늘과 생강 다진 것 등을 모두 넣어 골고루 잘 섞는다. 무 채, 갓, 미나리, 파를 넣어 버무린다. 그리고 입맛에 따라 청각, 실고추, 설탕, 조미료, 생굴, 양파 채, 당근 채를 함께 넣고 김치속을 만든다.
이때 주재료인 배추와 무는 이미 간이 맞게 절여진 것이므로, 김치속의 간을 소금이나 액젓 등으로 잘 맞춰야 한다.
2.5-2.8%의 염분 농도가 적당하다.

◑ 김치속을 넣는다.
물기를 뺀 배추의 잎줄기 한 켜 한 켜 사이로 김치속을 알맞게 고루 넣는다. 배추를 길이로 절반 접어 제일 겉잎으로 속이 흘러나오지 않게 감싼 후, 김치 용기에 차곡차곡 담는다. 배추의 자른 부위가 위로 오게 쌓는다.
맨 위에 유리나 도자기로 된 큰 접시를 엎어 가벼운 눌림을 만들어주는 것도 잊지 않는다. 이때 절인 무 1/4개씩을 배추에 하나씩 박아 넣는다. 배추 속에 넣은 무는 김치를 꺼내 먹을 때 함께 썰어 그릇에 나란히 담아 낸다.

◑ 이틀 혹은 사흘쯤 후, 김치 국물의 간을 맞춘다.
이때 국물이 적어 무 배추가 국물 위로 솟아오르지 않도록 양을 알맞게 맞춰야 하며, 반드시 다시 눌림을 해줘야 한다.

섞박 동치미

늦가을이나 초겨울에 제철의 신선한 무 배추를 섞어 담근, 중간계절의 싱그러운 국물김치다. 이 시기에 한창 지내는 산제 고사 추수감사 등을 위한 잔치음식으로, 떡과 고기(산적과 포)류에 반드시 수반되는 볼품있고 격있는 음식이다.

재료

- 무 1 - 2개(2kg): 신선하고 연한 것으로 깨끗이 씻어 소금물에 숨죽인다
- 배추 1 - 2포기(2kg): 푸른 잎이 적고 줄기는 두꺼운 것을 고른다. 무와 같이 숨죽인다
- 붉은 고추 5개: 색이 곱게 든 중간 크기의 생고추
- 대파 1컵(1cup): 4 - 5cm 길이로 어슷 썬다
- 마늘 1/2컵(1/2cup): 가늘게 채 썬다
- 생강 1/3컵(1/3cup): 가늘게 채 썬다
- 식수와 소금
- 청각은 입맛에 따라 선택한다

담그는 법

◑ 무는 두 쪽, 배추는 네 쪽으로 쪼갠다.

◑ 쪼갠 배추 속에 무 고추 마늘 생강 파를 넣고, 둥글게 반을 접는다.

◑ 배추의 겉잎으로 감싼 다음, 속이 흘러나오지 않게 쥐고 항아리 속에 담는다.

◑ 눌림을 하고 뚜껑을 덮어 하룻밤 재운다.

◑ 다음날 소금물(농도 3%)을 가만히 붓는다.
  소금물은 내용량의 4 - 5배 정도가 적당하나, 보통 김치통 가득 채우는 것이
  상례다. 처음에 재료의 양을 고려해서 알맞은 크기의 김치통을 선택한다.

◑ 찬 곳에서 자연발효시키는 것이 좋은데, 0°C 내외에서 약 4 - 5주간
  익히는 것이 가장 맛있다.

보충 | 먹을 때 무와 배추는 보거나 먹기에 알맞은 크기로 썰어 담고, 붉은 고추는 썰지 않고 그릇에 띄운다. 입맛에 따라 설탕과 조미료를 김치 그릇에 첨가한다. 냉수나 얼음을 넣어 김치의 맛이나 간, 온도를 조절할 수도 있다.

보충 | 김치의 저장온도는, 온전한 발효 숙성을 위해 영상의 낮은 온도일수록 바람직하다. 숙성을 위한 실험에서 김치는 평균 0°C - 5°C에서 4 - 6주 정도면 숙성됐다. 그후 6 - 8주 동안 맛에 큰 변화 없이, PH 4.0 내외 상태로 품질이 유지됐다.
첨가 젓갈의 종류와 풀죽의 가루 종류(찹쌀이나 쌀가루, 혹은 밀가루 등),
그리고 입맛에 따라 첨가하는 각종 재료, 또 밤 대추 잣 배 사과 등은 김장의 목적인 장기간 저장에는 저해 요인이 될 수 있다.
김장김치에는 이듬해 늦은봄까지도 보존되도록 염분함량을 높인 것에서부터 염분함량이 낮은 것, 또 주재료 자체를 달리한 각 종류가 있으나, 그 어느 것에도 풀죽 설탕 인공조미료 등을 첨가하면 저장성은 낮아진다. 장기간 보존할 김치에 방산제 항생제 중화제 등을 넣으면, 김치의 자연발효(숙성)를 주도하는 인체에 유익한 미생물의 활동 번식이 억제되며, 이상발효(異常醱酵)를 일으킨다. 이로써 김치의 향과 색상, 조직이 변화돼 본래 맛을 잃고, 자연발효로 형성되는 정미성분(呈味成分)인 풍미도 잃게 된다.
이같은 현상은 모든 김치의 발효 숙성 과정에서 일어나는 공통된 것이므로, 발효식품인 김치의 숙성이 자연과정에 의해 진행될 때만이 김치 특유의 맛을 지닐 수 있다. 따라서 김치의 장기간 저장을 위한 가공처리는 김치가 온전히 숙성된 이후에 실시해야 한다.

섞박동치미

통배추동치미

통무동치미

211

통배추 동치미

담백하면서도 짜릿한 특유의 맛으로, 겨울철 냉면용이나 모밀국수 냉국수 등의 시원한 국물로 선호된다. 무와는 또 다른 감칠맛의 별미다. 전통적으로는 추운 지방의 명물로 알려져왔으나, 냉장시설의 일반화로 많은 사람들이 즐긴다. 이 김치 국물에 면을 말아 만든 냉면이나 냉국수는, 정서 깃든 향토식으로 긴 겨울밤 단란한 가족들의 훌륭한 밤참이다. 옛 식탁예절에서는 "동치미 국물 먹는 모습이 곧 사람의 인품을 말한다"고도 해 우리 전통의 식문화를 엿보게 한다.

재 료

- 배추 2-3포기(4kg): 중간 크기를 골라, 절인 다음 씻어 물기를 뺀다
- 풋고추 10개: 삭힌 것
- 쪽파 12쪽: 뿌리째 다듬어 씻어 숨죽인다
- 청각 1컵(1cup): 소금물에 씻어 물기를 짠다
- 마늘 1/2컵(1/2cup): 가늘게 썬다
- 생강 1/3컵(1/3cup): 가늘게 썬다
- 식수와 소금

담그는 법

- 절인 배추를 네 쪽으로 나눈다.
- 배추 속에 풋고추 1-2개씩을 넣고, 길이로 절반을 접는다.
- 겉잎 두 장으로 배추 몸을 감싸 둥근 꾸러미처럼 만들고, 숨죽인 쪽파줄기로 싸맨다.
- 항아리 바닥에 남은 풋고추와 청각을 깔고, 배추묶음들을 담는다.
- 삼베나 성긴 무명천으로 만든 작은 자루에 썬 마늘과 생강을 넣고, 느슨하게 묶어 배추 위에 올려놓는다.
- 눌림을 하고 뚜껑을 덮어 하룻밤 재운다.
- 다음날 소금물(농도 3% 안팎)을 배추 위에 가만히 붓는다.
  이때 위의 눌림이 뒤집어 떨어지지 않게 해야 하며, 소금물은 배추의 4-5배 정도가 적당하다.

통무 동치미

동치미의 원조다. 우리 고유의 동치미류 중에서도 으뜸이 되며, 계절의 잔치에 없어서는 안될 중요한 음식이다. 길고 긴 동지 섣달 한밤의 중참에는, 메밀묵 도토리묵 감자구이 그리고 한사발의 동치미 국수말이가 준비됐고, 가족들의 구수한 사랑이 넘나들었다. 살얼음 낀 차가운 동치미 국물은 젓산균 초산균 효모균의 왕성한 활동으로 숙성 발효돼 독특한 훈향을 풍긴다. 또 훌륭한 권식효과와 소화기능을 북돋우는 역할을 해, 다시없는 음료며 좋은 반찬이다.

재 료

- 무 7-8개(4kg): 동치미용 토종무. 약간 잘며 몸체 절반쯤이 푸른 녹색인 것을 골라 소금물(농도 3%)에 숨죽인다. 이때 무의 속잎줄기를 어느 정도 붙여둔다. 그래서 속잎이 달린 무 동치미로 먹는다
- 풋고추 10개: 삭힌 것
- 쪽파 8쪽: 뿌리째 다듬어 씻어 숨죽인다
- 청각 1컵(1cup): 소금물에 씻어 물기를 짠다
- 마늘 1/2컵(1/2cup): 가늘게 썬다
- 생강 1/3컵(1/3cup): 가늘게 썬다
- 식수와 소금

담그는 법

- 무는 통으로 사용한다. 무잎을 무몸에 감고, 쪽파로 둘레를 묶어준다.
- 항아리 바닥에 삭힌 풋고추와 청각을 깔고, 무를 하나씩 넣는다.
- 마늘 생강을 베짜루 안에 함께 넣어 느슨하게 묶은 다음, 무 위에 올려놓는다.
- 눌림을 하고 뚜껑을 덮어 하루 그대로 재운다.
- 다음날, 소금물(농도 3%)을 무 위에 가만히 붓는다.

보충 | 무의 크기나 종류는 달리 택할 수 있으며, 잎줄기를 안 넣고 무만을 통으로 써도 된다. 재료 중에서 청각은 안 쓸 수도 있다. 재료를 여러 가지 넣는다고 맛이 더 좋아지는 것은 아니다. 특히 동치미 종류에는 갓을 넣지 않아야 한다. 또 오래 두고 먹어야 하는 동치미에는 미나리나 홍당무, 배나 사과 등의 과일도 금물이다. 석류알 유자 모과 등도 김치 맛을 변질시킨다. 설탕과 화학조미료는 먹을 때의 그릇에는 조금 넣을 수 있지만 항아리 안에는 금물이다.

섞박 통김치

신선한 제철의 통무 배추를 함께 담가, 먹음직스럽고 풍요로운 맛이 감도는 풍미 김치다. 이른가을부터 한겨울의 김장으로 많이 담가왔다. 젓갈이나 향신야채류를 많이 혼합하지 않고 주재료인 무 배추 본래의 맛을 살려, 담백하고 깨끗한 겨울김치 맛을 내는 것이 특색이다.

재료

- 배추 3-4포기(4kg): 잘 여물어 조직이 단단한 중간 크기의 늦가을배추 절이고 씻어 물기를 뺀다
- 무 3kg: 알이 작고 조직이 단단한 무. 깨끗이 다듬어 절이고 씻는다
- 쌀가루풀 1컵(1cup)
- 액젓 1/2컵(1/2cup): 젓의 종류는 입맛에 따른다
- 김치용 고춧가루 2/3컵(2/3cup)
- 고운 고춧가루 1/3컵(1/3cup)
- 새우젓 1/2컵(1/2cup): 육젓을 곱게 다진다
- 다진 마늘 2/3컵(2/3cup)
- 다진 생강 1/3컵(1/3cup)
- 쪽파 7뿌리: 3-4cm 길이로 썬다
- 실고추 1큰술(1Ts): 곱게 채 썬다

담그는 법

◑ 배추를 길이로 두 쪽씩 쪼개, 절인 다음 씻어 물기를 뺀다.
  절인 무와 배추를 손질해, 상한 잎과 뿌리 등을 떼낸다.
◑ 넓은 그릇에 쌀가루풀 액젓 고춧가루 새우젓 마늘 생강을 넣고 섞는다.
  파 실고추를 넣어 고루 버무리며, 간을 맞춰 김치양념을 만든다.
◑ 배춧잎 사이 사이에 양념을 고루 넣고, 무쪽을 얹어 넣어 배추를 절반으로 접는다. 무쪽이 빠져나오지 않게 가장자리의 배춧잎 한두 개로 둥글게 감싼다. 항아리에 넣을 때 배추의 잎 부분이 위로 오게 한다.
◑ 배추의 겉잎이나 무청 등으로 김치를 덮고, 눌림을 한다.
  위에 소금이나 액젓 고춧가루를 조금 뿌려둔다.
  이틀쯤 후에 국물을 떠서 간을 맞춘다.

  보충 | 무 배추를 저장해온 초기시절부터의 전통 형태로서, 특히 그릇에 썰어 담은 모양새나 솜씨에 따라 김치 맛이 크게 달라진다고 한다. 무 배추뿐 아니라 김치 국물까지도 알맞게 갖춰 담아진 김치보시기의 모양으로, 그 가정의 살림 솜씨를 가늠해 보기도 한다.

동태 식해

동태(凍太)는 본산지인 관북 지방에서 한겨울의 명물로 전래돼온 생선이다. 지금은 원양어획과 냉동물로써 사계절 공급이 가능해, 어느 계절에나 담글 수 있게 됐다.

재료

- 동태 2kg: 싱싱한 동태를 골라 비늘 내장을 없앤다. 깨끗이 씻어 소금물(농도 3%)에 절인다. 하루 이틀 냉장고 안에서 살을 굳힌다
- 무 2kg: 굵직한 채로 썰어 한줌의 소금으로 숨을 죽인다
- 좁쌀 1kg: 잘 일어서 질지 않게 밥을 짓는다
- 쌀가루죽 1컵(1cup)
- 맑은 액젓 1컵(1cup)
- 다진 마늘 1컵(1cup)
- 다진 생강 1/2컵(1/2cup)
- 고운 고춧가루 1컵(1cup)
- 김치용 고춧가루 1/2컵(1/2cup)
- 파 2컵(2cup): 대파는 길이 3-4cm로 어슷 썬다
- 소금: 천일염

담그는 법

◑ 손질한 동태를 먹기 좋은 크기인 2-3cm토막으로 잘라 고운 고춧가루로 문질러 부빈다. 숨죽인 무도 함께 섞는다.
◑ 넓은 그릇에 좁쌀밥을 식혀 붓고, 쌀가루죽 액젓 마늘 생강 고춧가루를 넣어 양념을 만든다.
◑ 위 양념에 동태 무 파를 넣어 버무린 다음 간을 맞춘다.
◑ 항아리에 담고 맨 위에 우거지를 덮는다.
◑ 눌림을 하고 뚜껑을 덮어 찬 곳에서 익힌다.

  보충 | 동태 식해는 가자미나 갈치 식해와는 다른 담백한 맛이 있어, 선호도가 매우 높다. 비교적 장기간 보존도 가능하나, 항상 윗면을 고르게 다져 눌림이 흐트러지지 않도록 해야 뭉크러지거나 변패하는 것을 막을 수 있다.

쉬박통김치

동태식해

동래섞박지

오징어섞박지

낙지섞박지

낙지 섞박지

가을낙지는 노루고기 맛이라 한다. 이 가을낙지로 담근 초겨울의 명물김치다.

재 료

- 생낙지 5 - 6마리(2kg) : 신선한 것으로 고른다
- 무 2 - 3개(2kg) : 넓이 3cm 두께 0.5cm 정도의 네모로 썬다. 무잎줄기는 잘라서 절여둔다
- 마늘 1컵(1cup) : 곱게 채 썬다
- 생강 2/3컵(2/3cup) : 곱게 채 썬다
- 맑은 액젓 1컵(1cup)
- 쌀가루죽 1컵(1cup) : 풀보다 묽은 것
- 김치용 고춧가루 1/2컵(1/2cup)
- 고운 고춧가루 1컵(1cup)
- 쪽파 1컵(1cup) : 약 4cm 길이로 썬다
- 밤 2/3컵(2/3cup) : 얇고 납작납작하게 썬다
- 실고추 1/2컵(1/2cup)
- 소금 : 천일염

담그는 법

◐ 깨끗이 씻어 썬 낙지를 한줌의 소금으로 문질러 1 - 2시간 눌러둔다. 소금의 작용으로 살조직에 탄력이 생겨서 낙지살이 단단하게 굳는다. 이때 썬 무도 함께 넣어 숨을 죽인다.
◐ 절여둔 무잎줄기의 줄기 부분만 잘라 4cm 길이로 썬 다음, 무와 함께 섞어 넣는다. 잎 부분은 따로 헹궈 물기를 빼둔다.
◐ 넓은 그릇에 액젓 쌀가루죽 고춧가루 마늘 생강을 넣어 고루 섞는다.
◐ 위 양념에 낙지 무 무줄기를 넣어 버무리면서, 파 밤 실고추를 뿌려넣고 고루 무친다.
◐ 항아리에 담고, 낙지와 무를 숨죽인 소금물로 양념 그릇을 살짝 헹궈 위에 붓는다.
◐ 무잎을 덮고, 1작은술의 김치용 고춧가루와 1작은술의 소금을 고루 뿌린다.
◐ 눌림을 하고 뚜껑을 덮어 찬 곳에 둔다.

> 보충 | 낙지를 소금으로 문질러 절이는 대신, 열온 식염수(농도 2%)에 살짝 데쳐 찬물에 헹구는 방법으로 하면, 낙지살이 더 단단해져 씹히는 맛에 탄력이 생긴다. 이렇게 데치면, 설탕 식초 등으로 즉석에서 조미해 먹을 수도 있다. 보통은 3 - 4일 찬 곳에서 맛을 들인 다음 먹는다. 낙지 섞박지는 장기간 저장용은 아니며, 늦가을에서 이른겨울 한철의 별미다.

동태 섞박지

이른겨울에서 초봄에 이르기까지 잡히는 겨울 생선, 동태를 이용해 담근다. 섞박지는 원래 명태의 본산지인 관북 지역의 명물이며, '명태 식해' 와는 또 다른 맛의 토속김치다.

재 료

- 동태 6 - 7마리(3kg) : 내장과 비늘을 깨끗이 없애고, 머리를 붙여둔 채로 등쪽을 가른다. 소금에 얼간을 했다가 하루 이틀쯤 말린다
- 무 1kg : 단단한 무로 골라 다듬고 씻는다. 길이로 두 쪽을 내 반달모양으로 납작하게 썬다
- 다진 마늘 1컵(1cup) : 곱게 다진다
- 다진 생강 1/2컵(1/2cup) : 곱게 다진다
- 맑은 액젓 1컵(1cup)
- 쌀가루풀 1컵(1cup)
- 김치용 고춧가루 1/2컵(1/2cup)
- 고운 고춧가루 1컵(1cup)
- 대파 2컵(2cup) : 4 - 5cm 길이로 어슷 썬다
- 미나리 1컵(1cup) : 4 - 5cm 길이로 썬다
- 실고추 1/2컵(1/2cup)
- 소금 : 천일염

담그는 법

◐ 등을 가른 동태를 깨끗이 씻어 넓은 그릇에 담고, 안팎으로 한줌의 소금을 골고루 뿌려 5 - 6시간 절인다. 소쿠리에 담거나 줄에 매달아 바람에 말린다.
◐ 동태를 건져낸 소금물에 무를 넣어 숨죽인다.
◐ 절반쯤 말라 살이 꾸덕꾸덕해진 동태를 가로 2cm 세로 5cm 정도의 먹기 알맞은 크기로 썬다.
◐ 넓은 그릇에 동태와 숨죽인 무를 담고, 액젓 쌀가루죽 생강 마늘 고춧가루를 넣어 버무린다. 미나리 파 실고추를 뿌리고 항아리에 담는다.
◐ 눌림을 하고 뚜껑을 덮어 찬 곳에 둔다.

> 보충 | 김치가 제대로 익으면 동태살이 죽죽 찢어진다. 미끈거리고 살이 잘 찢어지지 않을 때는 아직 덜 익은 것이며, 비린 맛이 함께 난다. 이때의 섞박지로 찌개를 끓여, 겨울 김장들이 익기 전 한철의 별미로 즐기기도 한다.
> 동태 섞박지는 늦가을에서 겨울에 이르는 한철의 진미에 불과하며, 장기 저장하는 음식은 아니다.

오징어 섞박지

오징어를 무와 갖은양념으로 버무려 담근 별미김치다. 소금물에 씻은 생오징어는 하루 이틀쯤 그늘진 곳에 매달아 살을 꾸덕꾸덕할 정도로 굳힌 다음 쓴다. 늦가을에서 이른겨울이 제 맛 나는 한철이다.

재료
- 생오징어 3kg : 신선한 물오징어는 내장을 꺼내고 껍질도 말끔히 벗겨, 찬물에 깨끗이 씻는다. 소금으로 얼간을 해서 2-3시간 눌러두었다 건진 다음, 그늘진 곳에 넣어 하루 이틀쯤 물기를 걷운다
- 무 1kg : 속이 단단한 무를 씻어 가로 1.5cm 세로 5-6cm로 썬다. 한줌의 소금으로 숨을 죽여둔다
- 풋고추 0.5kg : 잔 알맹이로 골라 꼭지째 사용한다. 무와 함께 숨을 죽인다
- 다진 마늘 1컵(1cup) : 곱게 다진다
- 다진 생강 2/3컵(2/3cup) : 곱게 다진다
- 맑은 액젓 1컵(1cup)
- 김치용 고춧가루 1/2컵(1/2cup)
- 고운 고춧가루 1컵(1cup)
- 실파 1컵(1cup) : 약4cm 길이로 썬다
- 실고추 1/2컵(1/2cup)
- 소금 : 천일염

담그는 법
◑ 넓은 그릇에 꾸덕꾸덕해진 얼간 오징어를 가로 1.5cm 세로 5-6cm로 썰어 담는다. 숨죽은 무와 풋고추도 함께 담는다.

◑ 위의 주재료에 액젓 마늘 생강 고춧가루를 넣어 고루 무친 다음, 파와 실고추를 뿌리며 섞는다. 항아리에 담는다.

◑ 눌림을 하고 뚜껑을 덮어 찬 곳에서 익힌다.

보충 | 물오징어는 냉동 저장된 것보다 신선한 생오징어를 쓰는 것이 좋다.

대구 섞박지

가자미 식해와 더불어 함경남북도 지방 특미김치류의 하나다. 기온이 낮은 겨울철에 어슷 썬 무, 배추에 대구토막을 섞어 버무린, 빛과 맛이 짙은 토속김치다. 가자미 식해와 대구 섞박지 맛을 알아야만 비로소 다른 음식 맛도 제대로 안다고 할 만큼 맛과 빛이 풍성한 특수김치로, 희소가치 또한 높다.

재료
- 배추 2포기 (4kg) : 절여 씻어서 물기를 뺀 중간 크기
- 무 1-2개(1kg) : 소금으로 숨죽여 씻고 다듬는다
- 쌀가루풀 1컵(1cup)
- 맑은 액젓 1/2컵(1/2cup)
- 김치용 고춧가루 1/3컵(1/3cup)
- 고운 고춧가루 2/3컵(2/3cup)
- 통대구 1마리(4kg) : 얼간해서 수분을 뺀, 살이 꾸덕꾸덕해진 중간 크기
- 다진 마늘 2/3컵(2/3cup)
- 다진 생강 1/3컵(1/3cup)
- 대파 2컵(2cup) : 길고 어슷하게 썬다

담그는 법
◑ 절인 배추 무를 약8-10cm 길이로 썬다.

◑ 얼간해서 굳어진 통대구를 머리부터 꼬리까지 배추와 같은 길이로 자른다.

◑ 넓은 그릇에 쌀풀 액젓 고춧가루를 넣고 잘 젓는다.

◑ 위 양념에 대구토막을 넣어 버무린다. 마늘 생강 무 배추를 넣고 다시 버무린 다음 파를 섞는다.

◑ 무 배추 대구가 고루 섞여서 들어가도록 항아리나 통에 차곡차곡 담는다. 맨 위에 우거지를 덮는다. 이때 약간의 소금 액젓과 김치용 고춧가루를 뿌린다. 눌림을 해서 찬 곳에서 삭힌다.

◑ 1-2일 후에 고인 국물을 떠서 간을 맞춘다.

보충 | 섞박지가 잘 익으면 대구살이 길이로 죽죽 찢어진다. 양념에 물이 들어 대구살이 마치 연어와 같은 붉은 색이 되며, 살은 더욱 단단해진다. 덜 익거나 잘못 삭으면 색깔이 다르고, 미끄러워서 살이 잘 찢어지지 않는다. 섞박지를 식탁에서 끓이면 '즉석 섞박지찌개'가 돼, 가족끼리 정과 맛을 나누는 시간을 즐길 수 있다. 끓일 때 두부 미나리 쑥갓 등을 넣으면 더 좋다.

통대구김치

대구섞박지

통대구 김치

신선하고 단단한 겨울 대구를 통째 얼간해 뒀다가 찬바람과 찬기온으로 살이 꾸덕꾸덕하게 굳어지면, 무 배추를 김치양념으로 버무려 통대구의 뱃속에 넣어 담그는 김장대구다. 원래 함경북도 지방의 향토색 짙은 별미김치로서, 한겨울 밤의 동침냉면(국수)과 함께 가장 애호해 온 자랑식품이다. 통대구 김치는 본래 대가족 제도하의 각 가정에서 겨울 동안 대구가 많이 어획되자, 이를 저장하는 방법 중 하나로 담근 것이다. 무 배추를 김장하듯 김치양념을 대구 뱃속에 채워넣어 삭히는 것이다. 먹는 방법도 다양해, 아쉬운 한겨울 식탁에 푸짐함을 차려주는 특색있는 주요부식이다. 농촌보다는 해안 지역에서 중요시해 왔다.

재료

- 대구 2-3마리(6kg): 중간 크기나 작은 것으로, 냉동이 아닌 물좋고 신선한 대구를 쓴다. 비늘을 깨끗이 친 다음, 배 쪽을 가르지 말고 등 한가운데로 칼을 넣어 윗등에서부터 가르며 펼친다. 이때 배추처럼 두 쪽으로 완전히 쪼개지 말고 하나로 넓다랗게 펼쳐지도록 한다. 내장을 말끔히 꺼내고, 머리와 꼬리는 붙인 그대로 찬물에 깨끗이 씻어 소금(농도 2%)에 절여 1-2주 정도 눌러둔다. 알과 아가미, 이에 붙은 내장은 정갈하게 씻어 소금에 절였다가 젓으로 따로 담근다. 통배추 절일 때의 예비처리과정과 같이 반드시 대구도 절여서 물기를 빼야만 살이 단단하게 굳는다. 이 절임과정이 없으면 대구나 배추의 조직은 미끄러워지고 뭉클어진다.
- 무 1-2개(2kg): 중간 크기 1-2개의 무를 깨끗이 씻어 길이로 반을 쪼갠다. 다시 한쪽을 8-10쪽 정도의 반달형으로 썬다. 썬 무를 30-40g의 소금으로 문질러 절여둔다
- 배추 2kg: 크고 푸른 잎이 없는 것. 깨끗이 씻어 10cm 길이로 잘라 30-40g 소금으로 무와 같이 절인다
- 굵은 파 400g: 씻어서 통파를 네 쪽으로 가른 다음, 6-8cm 길이로 자른다
- 마늘 1/2컵(1/2cup): 곱게 다진다
- 생강 1/4컵(1/4cup): 곱게 다진다
- 고춧가루 3/4컵(3/4cup): 김치용 또는 고운 고춧가루 모두 쓸 수 있다
- 액젓 1/2컵(1/2cup): 또는 새우젓 곱게 다진 것. 젓갈의 종류는 각자가 선택한다

담그는 법

◑ 막김치보다 좀 큼직하고 어슷하게 썬 무와 미리 절여둔 배추에, 고춧가루를 넣어 버무린다. 액젓으로 간을 맞추고, 마늘 생강을 넣어 고루 섞어 양념을 만든다.

◑ 물기 없이 꾸덕꾸덕하게 마른 통대구의 뱃속에 위의 양념을 채워 넣고, 갈라진 등을 맞붙여 한 마리의 통대구 그대로를 항아리에 차곡차곡 넣는다. 속을 넣고 등을 붙인 통대구를 두세 토막으로 잘라 담기도 한다.

◑ 배춧잎 우거지로 대구살이 보이지 않게 두세 겹 덮은 다음, 약간의 고춧가루와 소금을 뿌린다. 눌림을 올려 찬 곳에 보관한다. 2-3일이 지난 후 국물의 간을 다시 맞춘다. 국물이 눌림 위에까지 차오르지 않으면, 소금이나 액젓으로 간을 맞춘 국물을 더 부어야 한다.

◑ 속김치와 함께 잘 익은 대구살이 연어 빛처럼 붉다. 굳은 살이 길이로 죽죽 찢어지므로, 대구살만을 명란 크기로 찢어 참기름 깨소금 실파 등을 섞어 명란처럼 먹는다. 지방에 따라서는 이것을 '대구모 젓'이라고도 한다. 통대구 뱃속에서 익은 속김치와 함께 '대구 섞박지'처럼 먹기도 한다.

보충 | 통대구 김치는 특히 남해안 지방의 명물김치다. 옛날에는 한겨울날 방안의 화롯불에 통대구 김치와 두부를 담은 뚝배기를 올려놓고 물을 부어 끓이며 먹었다. 향토색 짙은 토속김치로, 충무 남해지역이 고향인 사람들에게는 맛이 귀하고 그리운 향수의 김치로 간직돼 있다.

고들빼기김치

통무소박이

고들빼기 김치

천연 야생식물인 고들빼기(학명 Ixeris Sonchifolia)는, 늦가을에 찬서리를 맞고 잎과 줄기가 짙은 녹색이 되며 조직이 한결 더 질겨진다. 뿌리까지 통째 소금물에 울궈서 쓴 맛을 없앤 다음 사용한다. 고들빼기 김치는 갖은양념과 짙은 젓국에 버무려 담그는 남도 지방의 토속김치로 유명하다. 옛부터 고들빼기에는 약미성분(藥味成分)이 함유돼 있는 것으로 전해져왔다.

재 료

- 고들빼기 2kg: 뿌리째 다듬어 소금물(농도 2-3%)에 넣은 다음, 3-4일 쓴 맛을 울궈낸다
- 무 1kg: 어른의 새끼손가락 크기만하게 썬다
- 풋고추 1/2kg: 중간 크기로 단단한 풋고추를 삭힌다
- 쪽파 1/2kg: 뿌리만 자르고 통째 사용한다
- 쌀가루풀 1컵(1cup)
- 멸치젓 1컵(1cup): 곱게 다진다. 황새기젓 오징어젓 갈치젓 등의 살토막을 넣기도 한다
- 다진 마늘 1컵(1cup): 곱게 다진다
- 다진 생강 1/2컵(1/2cup): 곱게 다진다
- 김치용 고춧가루 1컵(1cup)
- 고운 고춧가루 2/3컵(2/3cup)
- 실고추 1/2컵(1/2cup)
- 맑은 액젓 1컵(1cup)
- 소금: 천일염

담그는 법

◑ 소금물에 울궈낸 고들빼기를 찬물로 깨끗이 헹궈 소쿠리에 건진다. 썬 무도 한줌의 소금을 뿌려 숨을 죽인 다음, 건져 물기를 뺀다.

◑ 넓은 그릇에 쌀가루풀 멸치젓 고춧가루 마늘 생강을 넣고 고루 섞는다. 오징어젓 꼴뚜기젓 황새기젓 갈치젓 등의 살토막을 넣으려면 이때 넣는다.

◑ 위 양념에 고들빼기 무 풋고추 쪽파를 넣고 버무린다. 실고추를 뿌려 넣고 항아리에 담은 다음 우거지로 덮는다.

◑ 눌림을 해서 뚜껑을 덮고 찬 곳에 둔다. 봄이나 여름에 먹으려면 땅 속에 묻는다.

보충 | 고들빼기 자체의 강한 섬유질과 많은 양의 젓갈에 의한 방산(화)작용으로 장기 보존이 가능하다. 다음해 늦봄이나 이른여름까지도 변패됨 없이 잘 보존된다. 원료 고들빼기를 채취해서 담그는 과정이 결코 쉽지 않아서, 희소 가치가 있다. 특수김치에 속하는 저장 야채절임이다.

통무 소박이

무 맛이 제격인 가을철에 담근다. 살이 단단하면서도 연하고 싱그러운 햇무에 맛있는 김치속을 넣어 담근, 계절의 풍요와 풍류를 함께 상징하는 작품김치다. 우리 식문화의 예지롭고 다양한 문양이 새겨져 있다.

재 료

- 통무 5-6개(4kg): 잘고 연한 것으로, 얼간을 해서 하룻밤 숨을 죽인다. 무가 소금물 위로 떠오르지 않게 눌림을 해둔다
- 무 1kg: 곱게 채 썬다
- 묽은 쌀가루풀 1컵(1cup)
- 맑은 액젓 2/3컵(2/3cup)
- 고운 고춧가루 1컵(1cup)
- 김치용 고춧가루 1/2컵(1/2cup)
- 실고추 1/4컵(1/4cup)
- 다진 마늘 1/3컵(1/3cup)
- 다진 생강 1/3컵(1/3cup)
- 쪽파 6쪽: 3-4cm 길이로 채 썬다
- 미나리 3쪽: 파와 같은 길이로 썬다
- 당근 200g: 무와 같이 채 썬다
- 밤 4-5개: 곱게 채 썬다

담그는 법

◑ 하룻밤 숨죽인 무(잎도 함께 절임)를 찬물에 씻어 물기를 뺀다. 깨끗이 다듬고, 십자(十字)형 칼집을 넣어 속 넣을 자리를 낸다. 오이 소박이 담글 때처럼, 양쪽 끝을 다 자르지 않고 붙여둔다.

◑ 넓은 그릇에 쌀가루풀 액젓 고춧가루 마늘 생강을 넣고 섞은 다음, 무 당근 파 미나리를 넣어 버무린다. 실고추 밤을 뿌려 넣는다.

◑ 칼집을 낸 무 속에 양념을 조심스레 집어넣어 항아리에 눕혀 담는다. 이때 속이 빠져나오지 않게 절인 무잎으로 둘레를 돌려매기도 한다. 다 쟁인 무 위에 절인 무잎을 충분히 덮어준다. 양념 그릇을 물로 헹궈 위에 붓는다. 약간의 소금, 김치용 고춧가루를 섞어 무잎 위로 고르게 뿌리고, 눌림을 한 다음 찬 곳에서 익힌다.

보충 | 김치속으로 낙지 오징어 생굴 게살 등을 넣는 지방이나 가정도 있다. 또 생젓이나 고춧가루를 듬뿍 넣어 더 짙고 강한 맛의 무 소박이를 담그기도 한다.

보쌈김치

보쌈 김치

양념과 손길이 많이 드는 데 비해, 장기간 저장할 수 없는 단점이 있다. 흔하게 담그는 김치가 아닌 잔치용 특수김치로, 맛과 모양새가 좋아 사랑받는 음식이다. 늦가을에서 겨울까지가 제철이나, 냉장시설을 활용해 봄 여름에도 담글 수 있다. 배합재료에 따라서 고급김치에서부터, 모양만 보쌈일 뿐인 보통김치에 이르기까지 다양한 형태가 될 수 있다.

재료

- 배추 3포기(6kg): 중간 크기로, 절인 다음 씻어 물기를 뺀다
- 무 1개(2kg): 큼직한 것으로, 소금물에 숨죽여 씻은 다음 다듬는다.
  2-3cm 크기의 얇은 네모로 썬다
- 대파 2컵(2cup): 2-3cm 길이로 어슷 썬다
- 미나리 1컵(1cup): 파와 같은 길이로 썬다
- 청각 1컵(1cup): 파와 같은 길이로 썬다
- 마늘 1/2컵(1/2cup): 곱게 채 썬다
- 생강 1/3컵(1/3cup): 곱게 채 썬다
- 김치용 고춧가루 1/2컵(1/2cup)
- 고운 고춧가루 1/2컵(1/2cup)
- 실고추 1큰술(1Ts)
- 맑은 액젓 1/2컵(1/2cup)
- 낙지: 3cm 길이로 어슷 썬다. 약간의 소금을 뿌려 물기를 뺀다
- 생굴 1컵(1cup): 중간 크기보다 약간 작은 것으로, 소금물에 헹궈 물기를 뺀다
- 생새우 1컵(1cup): 중간 크기보다 작은 것으로, 소금물에 헹궈 물기를 뺀다
- 배 1컵(1cup): 2cm 네모로 얇게 썬다
- 은행알 1/2컵(1/2cup)
- 잣 1/2컵(1/2cup)
- 밤 1컵(1cup): 네모로 얇게 썬다
- 석이버섯 1/4컵(1/4cup): 곱게 채 썬다
- 대추 1/2컵(1/2cup): 곱게 채 썬다
- 당근 1컵(1cup): 2cm 네모로 얇게 썬다
- 묽은 쌀가루죽 1컵(1cup)

담그는 법

◑ 배추를 썰기 전에, 크고 넓은 가장자리 잎들을 필요한 만큼 포기에서 떼어 쟁반에 담아둔다.
  남은 배추를 3-4cm 길이로 썬다.

◑ 넓은 그릇에 무 배추 당근 청각 미나리 파 등의 재료를 모두 넣고 섞는다.
  낙지 굴 새우 마늘 생강을 넣고, 쌀죽 액젓 고춧가루를 넣은 다음,
  가볍게 저으며 고루 섞는다.
  소금이나 액젓으로 간을 맞추어 김치속을 마련한다.

◑ 오목한 그릇 안바닥에 떼어둔 배춧잎 4쪽씩을 겹쳐놓는다.
  잎 부분을 그릇 위쪽 사방으로 펼쳐 그릇이 덮일 정도로 펴놓는다.

◑ 김치속을 한 켜씩 알맞게 놓는다.
  그 위에 낙지 새우 굴 밤 은행 배 잣 대추 석이버섯 실고추 등 모든 재료를 볼품있게 놓는다.

◑ 위로 펼쳐진 배춧잎을 한 장씩 차례로 감싸 덮어, 단단하고 둥근 꾸러미로 만든다. 김치속이 빠져나오거나 모양이 일그러지지 않게 주의한다.

◑ 차곡차곡 항아리에 담고, 위에 남은 배춧잎을 덮는다.
  눌림을 한 다음, 하루 이틀 후 국물 간을 맞춰 찬 곳에서 익힌다.

보충 | 속이 흘러나오지 않을 만큼의 적당한 크기나 모양새를 가늠하는 것은 각자의 솜씨에 달렸다. 감싸는 배춧잎의 크기, 담는 내용량의 적절한 안배로, 너무 작아서 볼품 없는 모양이 안되도록 한다. 평소보다는 잔치 축제 명절을 위한 명물김치로 담가온 것이 상례며 전통이었다.

봄
김치

게쌈김치

통마늘절임

무말랭이절임

뽕잎절임

무말랭이 절임

풍성히 추수된 가을무 중 김장하고 남은 것은, 장아찌나 짠지로, 혹은 생무로 땅속 움집에 묻는다. 이렇게 무 저장의 한 방법으로 전해온 무말랭이 절임은, 한국 가정의 부식 중에서 가장 친근한 음식 중 하나다.

재 료

- 무말랭이 3kg: 무를 가로1cm 세로 5cm로 썰어 소금(농도 1 - 2%)에 살짝 절인다. 배어 나온 물기를 짜버리고 그늘에서 하루 이틀 시들게 한다
- 고춧잎 0.5kg: 가을에 고추밭을 걷을 때 훑어낸 고춧잎과 연한 줄기를 살짝 데쳐, 그늘에서 하루 이틀 말린다
- 무잎 0.5kg: 무줄기를 소금물(농도 1 - 2%)에 1 - 2시간 정도 숨죽여, 4 - 5cm 길이로 썬다. 물기를 짜버리고 그늘에서 말린다
- 맑은 액젓 1컵(1cup)
- 굵은 파 1컵(1cup): 어슷 썬다
- 마늘 2/3컵(2/3cup): 곱게 채 썬다
- 생강 1/3컵(1/3cup): 곱게 채 썬다
- 고운 고춧가루 2/3컵(2/3cup)
- 김치용 고춧가루 1/3컵(1/3cup)
- 설탕 1/3컵(1/3cup)
- 실고추 1/4컵(1/4cup)
- 소금: 천일염

담그는 법

◑ 절반쯤 말린 무말랭이와 고춧잎, 무줄기를 찬물에 헹궈, 물기를 가볍게 짠 다음 함께 섞는다.

◑ 넓은 그릇에 액젓 마늘 생강 고춧가루 설탕을 넣고 섞은 다음, 위 재료를 넣고 고루 버무린다. 파 실고추를 넣어 섞고, 소금이나 액젓으로 간을 맞춘다.

◑ 항아리에 다져 넣고, 눌림을 한 후 뚜껑을 덮어 찬 곳에 보관한다.

보충 | 장기 저장이 가능한 전통절임으로서, 양념의 종류나 분량은 각각 다를 수 있다. 식성 식습관 지역 계층에 따라서 다소 차이는 있지만, 대체로 비슷하거나 같은 맛으로 전해져온 순수 토속절임이다.

뽕잎 절임

늦은봄에서 이른여름에 걸쳐 뽕나무 묘목의 연록색 잎을 따내는 것은, 수확을 보다 풍성하게 하기 위함이다(2). 이렇게 추려낸 뽕잎들을 소금으로만 절이거나, 갖은양념으로 무쳐 열무 김치처럼 먹어왔다. 중동이나 동서유럽 나라들에서는 포도잎을 또한 그렇게 절여 먹었다. 비슷한 식사문화의 각기 다른 문양이다.

재 료

- 뽕잎 3kg: 어린 나무에서 돋아난 연한 뽕잎을 꼭지째 그대로 씻어 건진다
- 쌀가루죽 1컵(1cup)
- 맑은 액젓 1/2컵(1/2cup)
- 김치용 고춧가루 2/3컵(2/3cup)
- 다진 마늘 2/3컵(2/3cup)
- 다진 생강 1/3컵(1/3cup)
- 쪽파 두 묶음: 뿌리를 자른 통쪽파를 3 - 4개씩 제 줄기로 동여매 작은 다발로 묶는다
- 소금: 천일염

담그는 법

◑ 뽕잎을 10 - 20쪽씩 흰 실로 묶어 다발을 만든 다음, 소금물(농도 2%)에 담궈 30분쯤 숨죽여 건진다. 소금물은 받아둔다.

◑ 넓은 그릇에 쌀가루죽 액젓 마늘 생강 고춧가루를 넣은 다음, 받아둔 소금물 2 - 3컵을 붓고 잘 섞는다.

◑ 위 양념에 뽕잎묶음을 잘 적셔, 항아리에 한 묶음씩 차곡차곡 담는다. 파묶음을 나란히 위에 올려 덮고, 남은 양념 국물을 붓는다. 소금물로 양념 그릇을 헹궈 위에 더 붓는다.

◑ 눌림을 하고 뚜껑을 덮어 찬 곳에서 익힌다.

보충 | 절임용 뽕잎들은 아직 누에(silkworm)가 오르기 전에 거둬서, 사람들이 '먹거리'로 만들어온 것이다. 필요에서 발상해 충족한 것으로, 중동 동서유럽 사람들이 포도잎 절임을 해온 시기보다 앞선 것으로 추정된다.

---

(2)잎이 지나치게 무성하면 열매가 적게 맺힌다는 작황(作況) 경험에서 볼 때, 콩잎 깻잎 뽕잎 피마자잎 포도잎 등의 순이나 햇잎사귀들은 적시에 추려주는 것이 좋다.

생두릅 김치

맑고 깊은 산악지대에서만 자라는 나무의 싹잎〔芽葉, Sprout, Shoot〕으로, 오갈 피과〔五加皮科〕에 속하는 생약재식물(生藥材植物)이다. 산사(山寺)의 미식류 (美食類)로 알려져왔다. 학명은 Arabisa Elata고, 일본 중국 몽고 티벳 등지에서 도 식용식물로 애용한다.
산채(山菜) 중 가죽나무(Ailanthus)줄기 잎과 함께 가장 비싼 나물이며, 천연산 계절식물 또는 희귀식물로서 매우 귀한 것이다.

재료

- 생두릅 3kg: 건조나 냉동된 것이 아닌 제철의 싱싱한 두릅을 다듬어, 엷은 소금물에 담궈 하루쯤 둔다. 혹은 끓는 물에 살짝 데쳐, 찬물에 씻어 건진다
- 무 0.5kg: 속살이 단단한 무를 다듬어 씻어 곱게 채 썬다
- 마늘 2/3컵(2/3cup): 곱게 채 썬다
- 생강 1/3컵(1/3cup): 곱게 채 썬다
- 묽은 쌀가루죽 1컵(1cup)
- 맑은 액젓 1컵(1cup)
- 고운 고춧가루 1/3컵(1/3cup)
- 김치용 고춧가루 1/3컵(1/3cup)
- 설탕 1/3컵(1/3cup)
- 굵은 파 2컵(2cup): 3-4cm 길이로 어슷 썬다
- 밤 1/2컵(1/2cup): 곱게 채 썬다
- 실고추 1/3컵(1/3cup)
- 소금: 천일염
- 우거지용 배춧잎을 준비한다

담그는 법

◑ 절인 두릅을 찬물에 헹궈 건진다.
  데친 두릅이면 그대로 무와 함께 1작은술의 소금을 뿌려 가볍게 섞어둔다.
◑ 넓은 그릇에 마늘 생강 쌀가루죽 액젓 고춧가루 설탕을 넣고 섞는다.
◑ 위 양념에 두릅 무를 넣고 파 밤 실고추를 고루 뿌려 섞은 다음, 간을 맞춘다.
◑ 항아리에 차곡차곡 담아 찬 곳에 둔다.

보충 | 살짝 데친 두릅으로 무친 것은 식초 고추장 등을 넣어 즉석에서도 먹을 수 있다. 장기간 보존은 안되며, 제철에만 담글 수 있는 계절음식이다.

미나리 김치

미나리는 산나물〔山菜〕들이 푸르러지기 전인 4월에서 5월 사이가 성수기다. 보통 무 배추와 섞어 김치를 담그지만, 미나리만으로 담그기도 한다. 미나리밭이 많은 남도 지방이나 자연산 산미나리를 채취하는 사찰 등에서 주로 미나리 김치를 담가왔다.

재료

- 미나리 3kg: 줄기가 굵고 부드러운 것을 골라 깨끗이 다듬는다. 5-6cm 길이로 썰어 소금 한줌을 뿌려 섞어둔다
- 무 0.5kg: 단단한 무를 다듬고 씻어 5-6cm 길이로 조금 굵게 채 썬다. 미나리와 함께 숨을 죽인다
- 마늘 2/3컵(2/3cup): 곱게 채 썰거나, 생강 고추와 함께 곱게 간다
- 생강 1/3컵(1/3cup): 곱게 채 썬다
- 고추 1컵(1cup): 붉은 풋고추를 어슷 썬다
- 쌀가루죽 1컵(1cup)
- 굵은 파 1컵(1cup): 4-5cm 길이로 어슷 썬다
- 소금: 천일염

담그는 법

◑ 넓은 그릇에 미나리 무를 건져 담는다. 소금물은 받아둔다.
◑ 마늘 생강 고추를 미나리와 무에 뿌려 넣은 다음, 파를 넣고 잘 섞는다.
◑ 받아둔 소금물에 쌀가루죽을 풀어 위에 붓고 고루 버무린다.
◑ 항아리에 담고 국물 간을 알맞게 맞춘 다음, 뚜껑을 덮어 찬 곳에 둔다.

보충 | 미나리밭이 흔한 지역의 명물김치로서, 미나리 계절에는 빠뜨리지 않고 담근다. 야생 산미나리는 산나물들과 함께 사찰 음식의 중요 부식재다. 무기질 과 섬유질이 풍부하며, 우수한 엽록소(Chlorophyll)와, 해조류에 흔히 함유된 옥도(Iodine) 성분이 들어 있어 인체에 매우 유익한 식물이다.

샌두릅김치

미나리김치

부추젓김치

부추 젓김치

이른봄부터 늦가을까지 무성하게 자라는 부추(속명 Chinese Chive, 학명 Allium Schoenoprasum L.)는 식물성 단백질(plant protein)의 함량이 많고, 강장 조혈의 효능이 우수한 식물로 알려져왔다. 부추를 주재료, 혹은 부재료로 사용한 김치 종류는 지역과 계절에 따라 다양한 편이다. 그중에서도 멸치젓을 듬뿍 넣고 고추 마늘 생강도 많이 넣어 짙게 담그는 '전구지(田荀漬) 젓'은, 남해안 지방의 명물이며 토속 젓김치 가운데서도 특색있는 맛으로 애호된다.

재 료
- 부추 2kg: 길이가 고르고 연한 것을 골라 씻어서 소쿠리에 건진다
- 무 1kg: 속살이 단단하고 싱싱한 무를 다듬어 씻어 ,두께 0.5cm 크기 6 - 7cm로 어슷하게 썬다. 소금 한줌을 뿌려 약 30분쯤 뒀다가 건진다
- 쌀가루죽 1컵(1cup)
- 멸치젓 2 1/2컵(2 1/2cup): 질은 생멸치젓
- 다진 마늘 1/2컵(1/2cup)
- 다진 생강 1/3컵(1/3cup)
- 김치용 고춧가루 2/3컵(2/3cup)
- 고운 고춧가루 1/3컵(1/3cup)
- 풋고추 1 1/2컵(1 1/2cup): 잘 익은 풋고추를 꼭지째 씻어 1작은술의 소금으로 숨죽인다
- 굵은 파 1컵(1cup): 4 - 5cm 길이로 어슷 썬다
- 양파 1컵(1cup): 곱게 채 썬다
- 소금: 천일염

담그는 법
◑ 넓은 그릇에 쌀가루죽 멸치젓 마늘 생강 고춧가루를 넣고 고루 섞어 양념을 만든다.
◑ 숨죽인 무를 소쿠리에 건지고, 무에서 나온 소금물에 부추를 살짝 숨죽인다.
◑ 무 부추 풋고추를 위 양념에 넣고 섞으며, 파 양파를 넣어 고루 버무린다.
◑ 항아리에 다져 담고, 무에서 나온 소금물로 양념 그릇을 헹궈 위에 붓는다.
◑ 눌림을 하고 뚜껑을 덮어 익힌다.

보충 | 무 절인 물에 부추를 넣어 살짝 숨죽이는 것은, 양념에 생부추를 버무릴 때 부추에 흠이 나서 풋내음이 풍기는 것을 방지하기 위해서다. 부추 젓김치는 강하고 짙은 향신 맛이 특색이어서, 육류나 생선 등 다지방질 음식류와 함께 먹을 때 맛이 서로 상승하는 효과가 있다.

통배추 봄김치

봄에 새로 담그는 김치가 아니다. 김장을 마친 늦가을, 짠지류와 함께 별도로 봄에 먹을 김장을 담그는데 이를 땅 속에 보관한 전통 묵은김치를 말한다. '통배추 봄김치', 혹은 '묵은김치'는 재료 배추의 종류가 다르다. 겨울 김장용 배추(Brassica Chinensis)는 통이 굵고 길이가 짧은데, 묵은 김치용 배추(Brassica Pekinensis)는 몸체가 길고 질긴 섬유질인 데다, 잎이 푸르고 줄기가 얇으면서 길다.

재 료
- 배추 3kg: 줄기가 길고 몸체는 짧으며 섬유질이 강한 푸른 배추를 준비한다. 뿌리를 자르고 길이로 두 쪽을 내, 하루 전날 소금물(농도 3%)에 절여둔다
- 쪽파 0.5kg: 뿌리를 자르고 통째 다듬어 씻어, 1작은술의 소금을 뿌려둔다
- 갓 0.3kg: 뿌리째 다듬어 씻어 1작은술의 소금을 뿌려둔다
- 멸치젓 2컵(2cup): 끓이지 않은 생젓으로, 멸치 살은 곱게 다진다
- 맑은 액젓 1컵(1cup)
- 다진 마늘 1컵(1cup)
- 다진 생강 1/3컵(1/3cup)
- 김치용 고춧가루 1/2컵(1/2cup)
- 고운 고춧가루 1/3컵(1/3cup)
- 소금: 천일염

담그는 법
◑ 절인 배추와 갓을 찬물에 씻어 건져 물기를 뺀다.
◑ 넓은 그릇에 멸치젓 액젓 고춧가루 마늘 생강을 넣고 섞어 양념을 만든다. 간을 알맞게 맞춘다.
◑ 위 양념에 배추를 한쪽씩 넣어 버무리며, 배추 속에 쪽파와 갓 한두 쪽씩을 넣는다. 배추를 아래 위로 반을 접은 다음, 겉잎으로 싸매 둥근 꾸러미를 만든다.
◑ 항아리에 담고, 남은 쪽파 갓으로 양념 그릇을 닦아 위에 넣는다.
◑ 배춧잎 우거지를 덮고 눌림을 한다. 뚜껑을 덮어 냉장하거나 땅 속에 묻는다.

보충 | 배춧잎 우거지 위에 1작은술의 굵은 고춧가루를 뿌리고 1 - 2컵의 액젓을 부어두면, 더욱 짙은 맛의 '묵은젓지'가 된다. 묵은젓지는 월동 후 봄이나 여름까지도 보존이 가능하다. 꺼내면 배춧잎이 노랗게 익어, 이 계절에는 흔히 볼 수 없는 '대갓집 묵은김치' 맛으로 오래 기억된다.
양념을 아주 적게 넣고, 소금과 고추만으로 담그는 방법도 있다. 장기간 저장용일수록 양념의 종류를 줄이거나 양을 적게 하는 것이 좋다.

통배추봄김치

쪽파 젓김치

우엉김치

홍어섞박지

쪽파 젓김치

꽃들이 한창인 봄부터 김장철까지 풍성하게 자라는 토종 쪽파(속명 Stone-leek, 학명 Allium Fistulosum)는 우리 식단에서 빠뜨릴 수 없는 소재다. 짙은 젓갈에 버무린 소박한 감칠맛의 '쪽파 젓김치'는 부추나 또 다른 파 종류 절임과는 다른 맛으로 선호돼왔다. 예로부터 점잖은 상에는 안 차리는 것으로 알아왔으며, 농주(農酒)와 농무(農舞)가 있는 한마당에 어울리는 시골풍의 서민김치다.

재료

- 쪽파 3kg: 싱싱한 쪽파의 뿌리를 자르고 다듬어 씻는다. 소금물(농도 3%)에 적셔 건진다
- 쌀가루풀 1컵(1cup): 죽보다 된 것
- 멸치젓 2컵(2cup): 달이지 않은 생젓
- 다진 마늘 2/3컵(2/3cup)
- 다진 생강 1/3컵(1/3cup)
- 김치용 고춧가루 1/2컵(1/2cup)
- 고운 고춧가루 1/3컵(1/3cup)
- 양파 1컵(1cup): 곱게 채 썬다
- 붉은 고추 1/2컵(1/2cup): 꼭지를 따고 3-4cm 길이로 어슷 썬다
- 소금: 천일염

담그는 법

- 넓은 그릇에 쌀가루풀 멸치젓 마늘 생강 고춧가루를 넣고 고루 섞는다.
- 위 양념에 숨죽인 쪽파를 넣고 고루 버무린 다음, 양파, 붉은 고추를 뿌려 넣고 섞는다.
- 항아리에 담고 눌림을 한 다음, 뚜껑을 닫아 익힌다.

보충 | 통칭 '쪽파 젓'이라고 하는 이 김치는 버무리는 즉석에서도 먹을 수 있으나, 알맞게 익었을 때 더욱 제 맛이 난다. 조개 새우 홍합 등을 다져 넣고, 밀가루에 무쳐 전으로 부치면 구수한 별미의 주안상 차림이 된다. 생선회 수육 등과 함께 내면 파젓의 향신약미(香辛藥味)와 잘 어울려 지혜로운 상차림이 된다.

홍어 섞박지

홍어는 지방질이 적고 단단하며, 씹을 수 있는 연한 잔뼈들의 조직으로 돼 있는 것이 특징이다. 홍어 섞박지는 신선한 홍어살을 먹기 알맞은 크기로 썰어서 식초, 또는 조리용 술 등에 담가 살과 뼈를 굳힌 다음 갖은양념으로 담그는 이색김치다.

재료

- 홍어 3kg: 껍질 벗긴 홍어살을 깨끗이 손보아, 넓이 2cm 길이 4-5cm로 썬다
- 무 1kg: 4-5cm 길이, 중간 굵기로 채 썬다
- 식초 2컵(2cup): 색깔 없는 증류 식초, 혹은 조리용 술
- 설탕 1컵(1cup)
- 김치용 고춧가루 1/3컵(1/3cup)
- 고운 고춧가루 1컵(1cup)
- 맑은 액젓 1/2컵(1/2cup)
- 마늘 1컵(1cup): 곱게 채 썬다
- 생강 3/4컵(3/4cup): 곱게 채 썬다
- 미나리 2컵(2cup): 4-5cm 길이로 썬다
- 실파 2컵(2cup): 미나리와 같이 썬다
- 밤 1/2컵(1/2cup): 얇고 납작납작하게 썬다
- 실고추 1/2컵(1/2cup)
- 소금: 천일염

담그는 법

- 넓은 그릇에 썰어놓은 홍어살을 담고, 식초 또는 술을 붓는다. 넓적한 그릇으로 가볍게 눌림을 한 다음 하룻밤 그대로 둔다. 다음날 소쿠리에 건져 물기를 뺀다.
- 한줌의 소금으로 무의 숨을 죽여 물기를 뺀다.
- 넓은 그릇에 꼬들꼬들하게 굳은 홍어살 무 고춧가루를 넣고 잘 섞은 다음, 액젓 마늘 생강 설탕을 넣고 버무린다.
- 위 양념에 미나리 파 밤 실고추 등을 넣고 섞어 항아리에 담는다.
- 눌림을 하고 뚜껑을 덮어 찬 곳에서 익힌다.

보충 | 현재 냉동된 홍어살이 사계절 공급되지만, 추운 계절인 제철이 아니면 살이 물러져서 좋은 절임을 담글 수 없다. 홍어 섞박지는 홍어회와는 달리 오돌오돌하고 탄력있는 단단한 살 맛이 특징이다. 살이 물컹거리면 부패된 것이다. 즉석에서 먹을 때는 설탕 식초로 맛을 맞춘다. 생오이 채, 양파 채 등을 곁들이면 더욱 맛있다.

우엉 김치

우엉은 자연산 다년생(perennial) 식물 (속명 Burdock, 학명 Aretium Lappa)
로서, 우리나라 남쪽 지방에서 많이 자란다. 강한 식물섬유와 독특한 향미를 지
닌 고급채소류다. 우엉을 절임해서 저장한 것은 산간 사찰에서 유래됐다. 본래는
잎사귀만을 따서 자반 나물로 먹어왔으나, 점차 그 뿌리를 먹게 된 것이다.

재료

- 우엉 3kg: 싱싱한 우엉뿌리의 껍질을 긁고 깨끗이 씻어, 소금물(농도 2%)에 담가
  1-2시간 눌러둔다
- 무 0.5kg: 속이 연한 무를 다듬어 씻어 곱게 채 썬다. 1작은술의 소금을 뿌려 섞어둔다
- 쌀가루죽 1컵(1cup)
- 마늘 2/3컵(2/3cup): 곱게 채 썬다
- 생강 1/3컵(1/3cup): 곱게 채 썬다
- 붉은 통고추 1컵(1cup): 꼭지를 따고 3-4cm 길이로 어슷 썬다
- 설탕 1/2컵(1/2cup)
- 굵은 파 2컵(2cup): 3-4cm 길이로 어슷 썬다
- 실고추 1/2컵(1/2cup)
- 소금: 천일염

담그는 법

❶ 우엉을 건져 6-7cm 길이로 자른 다음,
   납작하고 얇게 썰어 다시 같은 소금물에 담근다.
❷ 넓은 그릇에 쌀가루죽 마늘 생강 설탕을 넣어 섞고, 소쿠리에 건져 물기를 뺀
   우엉을 양념 속에 부어 고루 버무린다. 숨죽인 무를 가볍게 짜서 물기를 뺀
   다음, 파 통고추 실고추를 뿌려 섞고 간을 맞춘다. 간은 액젓 간장 등으로
   맞춘다.
❸ 항아리에 다져 담고, 숨죽인 우엉잎을 우거지 삼아 덮는다.
❹ 눌림을 하고 뚜껑을 덮어 찬 곳에서 익힌다.

보충 | 생우엉을 소금물에 절이지 않고 끓는 물에 살짝 데쳐 건지면, 양념과 버
무려 즉석에서도 먹을 수 있다. 우엉의 향과 단단한 섬유질 뿌리의 흔하지 않은
맛은, 함께 곁들인 양념 맛과 함께 귀하게 애호된다.

죽순 절임

남쪽 지방 특산절임류 중 하나다. 대나무잎에 방부살균력(防腐殺菌力)(3)이 있
는 것으로 믿어온 동양에는, 대나무잎에 밥이나 콩 삶은 것을 꾸려두거나 싸 감
아서 저장하는 템페(Tempe, Indonesian's), 다께바즈시(竹葉壽司 たけばず
し), 사사바즈시(笹葉壽司 ささばずし) 같은 음식물이 많이 있는 것으로 알려
져 있다.

재료

- 죽순 3kg: 봄철 비 내린 후에 돋아난 여린 죽순을 캐내, 껍질을 겹겹이 잘 벗긴다.
  소금물(농도 3%)에 1시간 반쯤 담그고, 소금물은 받아둔다
- 간장 1리터(1L): 색이 연한 간장이나 집에서 담근 국간장
- 소금: 천일염
- 대나무 잎: 끓는 소금물에 살짝 넣었다가 건진다

담그는 법

❶ 죽순을 건져 소쿠리에 담는다. 받아둔 소금물을 끓여 죽순을 살짝 데쳐낸다.
❷ 항아리에 죽순을 꼭꼭 채워 넣고, 같은 소금물을 다시 한번 끓여 붓는다.
   (이렇게 소금물로만 절이는 죽순은, 대부분 다른 요리의 재료로 쓰이도록
   보존한다.)
❸ 다른 방법으로, 소금물 대신 간장을 끓여 죽순 위에 붓고,
   끓인 소금물에 적셔낸 대나무잎들을 위에 덮는다.
   눌림을 하고 뚜껑을 덮어 찬 곳에 보관한다.
   또, 간장에 생강쪽 1/2컵을 넣고 끓여 죽순 위에 부어 만드는 경우도 있다.
   마른 통고추(붉은 것) 1/2컵을 죽순 위에 올려놓은 다음, 대나무잎을 덮어
   눌림한다.

보충 | 생강과 고추의 방부력 때문에 죽순이 물러지지 않으며, 아릿한 맛을 즐
길 수 있다. 죽순 절임은 오래 보관할 수 있는데, 간장절임 죽순을 즉석에서 먹
을 때는 설탕 식초를 넣거나 고추장 통깨를 넣어 빨갛게 버무린 장아찌 맛으로
즐긴다. 죽순은 중국식 요리에서는 귀한 식품 소재로, 값비싼 음식물의 하나다.

---

(3)대나무제〔竹制家具, 付器類〕 물품들이 벌레 먹지 않는 것으로 보아, 대나무나 대
나무잎에는 방부력이 있다는 설과, 죽순과 송이(松珥)는 절대 청정 (무공해, 무균) 지
대에서만 움〔芽〕이 트고 싹이 나기 때문에, 항(抗) 또는 방(防) 부패작용을 한다는 설
이 있다. 그러나 이 또한 인삼의 신비처럼 완전히 규명된 것은 아니다.

죽순절임

여름김치

열무김치

수삼나박김치

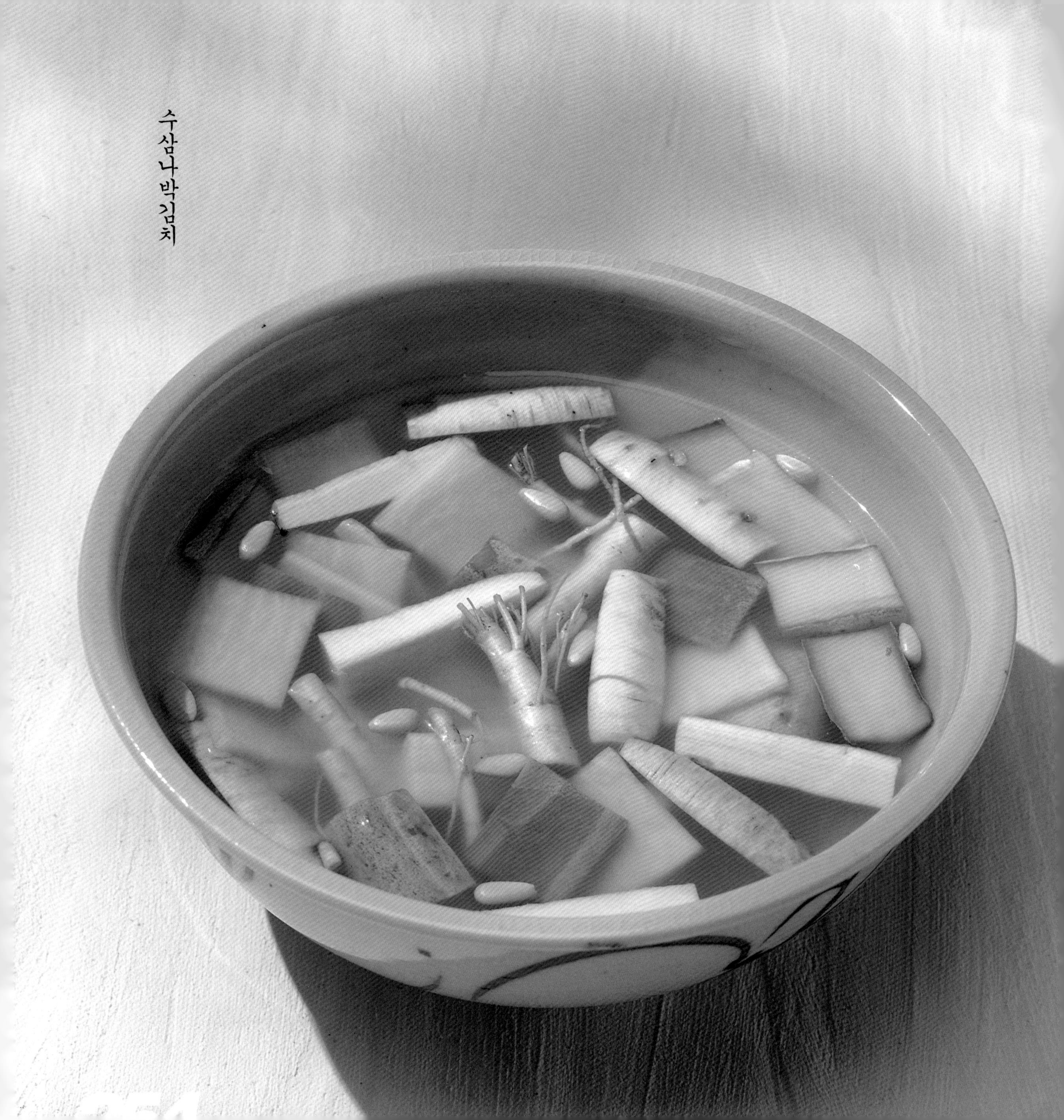

열무 김치

연하고 부드러운 열무는 원래 여름 한철의 특산물이었다. 지금은 온실재배나 수경(水耕)재배로 사철 공급되는데, 열무로 담근 김치는 본디 우리나라 여름김치의 상징이다.

재료

- 열무 2kg: 연하고 부드러운 열무를 골라 깨끗이 다듬는다. 7 - 8cm 길이로 썰어 소금물(농도 3%)에 1 - 2시간 절인다. 소금물은 버리지 않고 국물로 쓴다
- 마늘 1컵(1cup): 곱게 채 썬다
- 생강 1/3컵(1/3cup): 곱게 채 썬다
- 고추 1/2컵(1/2cup): 4 - 5cm로 어슷 썬다. 붉은 피망고추, 혹은 푸른 풋고추를 써도 된다
- 쌀가루죽 1컵(1cup)
- 굵은 파 2컵(2cup): 4 - 5cm 길이로 어슷 썬다
- 소금: 천일염

담그는 법

- 절인 열무를 소쿠리에 건진다. 소금물은 받아둔다.
- 넓은 그릇에 마늘 생강 고추 쌀가루죽을 넣고, 열무 절인 소금물을 1 - 2컵 섞어 묽은 양념을 만든다.
- 위 양념에 열무와 파를 넣고 고루 섞어 항아리에 담는다.
- 열무 절인 물로 양념 그릇을 살짝 헹궈 붓고, 김치 간과 국물 양을 맞춘다.
- 뚜껑을 덮어 찬 곳에 둔다.

보충 | 열무 김치는 냉면 국수말이 비빔밥의 국물로 잘 쓰이며, 국물 김치 그대로도 여름철 우리 식단에 없어서는 안될 시원한 음식이다. 저장용이 아니라서 자주 담가야 하는 번거로움이 있으니, 한번 담글 때 냉장고에 둘 수 있는 충분한 양으로 한다.

수삼 나박김치

8월 하순에서 9월 초, 김장할 무 배추의 파종을 마치면 곧바로 햇인삼을 뽑는 '인삼의 계절'이 된다. 수삼 나박김치는 이 무렵 싱싱한 햇수삼(말리지 않은 생삼)을 골라 담그는 진상품(4) 나박 김치다.

재료

- 생수삼 1kg: 싱싱한 수삼을 깨끗이 씻어 길이로 쪼갠 다음 3 - 4cm 크기로 썬다
- 무 1kg: 속이 연하고 단단한 무를 깨끗이 씻어 2 - 3cm 정도의 납작한 네모로 썬다
- 오이 0.5kg: 갸름하고 씨 없는 오이를 골라 깨끗이 씻은 다음, 껍질째 무와 같은 크기로 썬다
- 당근 1컵(1cup): 껍질을 벗기고 씻어, 무 오이와 같은 크기로 썬다
- 굵은 파 1/2컵(1/2cup): 2 - 3cm 길이로 곱게 썬다
- 생강 1/3컵(1/3cup): 곱게 채 썬다
- 소금 1/2컵(1/2cup): 천일염
- 물 1리터 반(1.5L)
- 잣 밤 등을 채 썰어 넣기도 한다
- 설탕 식초는 입맛에 따라 선택한다

담그는 법

- 넓은 그릇에 수삼 무 오이 당근을 넣고, 한줌의 소금을 뿌려 섞어 1 - 2시간쯤 놔둔다.
- 생강 파를 고루 뿌려 넣고, 설탕 식초를 넣어 섞는다.
- 물을 붓고 간을 맞춘 다음, 항아리에 담고 뚜껑을 덮어 냉장한다.

보충 | 중추의 여러 절계행사(節季行事)들과 제사, 햇곡으로 빚은 곡주류와 함께하는 크고 작은 가을의 상차림들을 위해 마련하는 특별하고 귀한 계절의 진미다. 떡 약식 약과 만두 빈대떡 묵 등과 잘 어울려, 모든 잔치 식단의 구색으로 환영받는 흔치 않은 김치다.

---

(4) '진상품(進上品)' 또는 '진상물(進上物)'은, 임금님께 바치는 물품이라는 뜻에서 유래됐다. 존귀하고 진귀한 물품이라는 뜻이며, 통상적인 것이 아니라는 형용으로 비유된다.

오이소박이

토마토소박이

가지소박이

오이 소박이

아삭아삭하고 신선한 맛의 오이 김치로, 소박이 중 으뜸이다. 담글 때 손이 많이 가지만 그만큼 맛있고 모양새가 좋아 널리 선호된다. 오이가 풍성한 여름 한철의 계절김치였으나, 지금은 어느 계절이나 담글 수 있는 사철김치가 됐다.

재료

- 오이 3kg: 싱싱한 소박이용 오이를 골라 꼭지와 꼬리를 따내고 깨끗이 씻는다. 길이로 중간 부분에 3-4개의 칼집을 내어 양념을 넣을 자리를 만든다. 오이가 완전히 쪼개지지 않도록 적당히 칼집을 넣는다. 한줌의 소금으로 숨을 죽인다
- 무 1kg: 단단한 무를 골라 씻어 곱게 채 썬 다음, 소금으로 숨을 죽인다. 소금물은 받아둔다
- 마늘 1컵(1cup): 곱게 채 썬다
- 생강 1/3컵(1/3cup): 곱게 채 썬다
- 새우젓 1컵(1cup): 곱게 다진다
- 쌀가루죽 1컵(1cup)
- 고운 고춧가루 1/3컵(1/3cup)
- 김치용 고춧가루 1/3컵(1/3cup)
- 굵은 파 1컵(1cup): 곱게 채 썬다. 잎사귀 부분은 소금에 숨을 죽인다
- 양파 1/2컵(1/2cup): 곱게 채 썬다
- 실고추 1/4컵(1/4cup)
- 소금: 천일염

담그는 법

- 숨죽은 무를 가볍게 짜서 건진다.
- 넓은 그릇에 마늘 생강 새우젓 쌀가루죽 고춧가루를 넣고 섞은 다음, 파 양파 실고추를 뿌려 섞고 간을 맞추어 양념을 만든다.
- 숨죽인 오이 속에 1큰술 정도의 양념을 채워 넣는다.
- 항아리에 차곡차곡 담고, 배춧잎이나 파줄기 등으로 위를 덮는다.
- 받아둔 소금물로 양념 그릇을 살짝 헹궈 위에 붓고, 1작은술의 소금을 고루 뿌린다.
- 눌림을 하고 뚜껑을 덮어 찬 곳에 둔다.

> 보충 | 꼬리와 뿌리를 안 자르고 그대로 담갔으면, 먹을 때 아래 위 부분을 잘라내고 길이로 두세 토막 정도 썰어서 보시기에 담는다. 양념이 빠져나오지 않게 하며, 적당한 양의 국물을 함께 담는다. 부추 잣 밤 등 너무 여러 가지를 양념에 넣으면 음식이 지저분해 보일 수도 있다.
> 담근 즉시 먹어도 되는데, 너무 오래 두면 색깔이 누렇게 변해 신선함이 생명인 본래의 맛을 잃는다. 오이는 배추와 달라서 시어지면 물렁해지므로 빨리 먹는 게 좋다.

토마토 소박이

붉은 색으로 익기 전의 푸른 토마토에 김치양념을 넣어 소박이로 담근 이색김치다. 푸른토마토 소박이는 고급 샐러드김치로서도 훌륭한 풍모와 맛을 즐길 수 있으며, 양념 배합에 따라 간식야채나 애피타이저로도 활용된다.

재료

- 토마토 2kg: 중간 크기로 단단하고 푸른 토마토를 준비해 깨끗이 씻는다. 위에서 아래로 약 2/3 깊이까지 십자형 칼집을 넣어, 양념 넣을 자리를 마련한다. 꼭지 쪽 잎은 따내지 말고 붙은 채 둔다
- 무 0.5kg: 속이 연한 무를 다듬어 씻어 곱게 채 썬다
- 당근 1컵(1cup): 단단한 것으로 골라, 다듬고 씻어 곱게 채 썬다
- 쌀가루죽 1컵(1cup)
- 맑은 액젓 1/2컵(1/2cup)
- 마늘 2/3컵(2/3cup): 곱게 채 썬다
- 생강 1/3컵(1/3cup): 곱게 채 썬다
- 굵은 파 1컵(1cup): 3-4cm 길이로 곱게 채 썬다
- 양파 1컵(1cup): 곱게 채 썬다
- 밤 1/2컵(1/2cup): 곱게 채 썬다
- 고운 고춧가루 1/2컵(1/2cup)
- 실고추 1/3컵(1/3cup)
- 소금: 천일염
- 설탕 1/2컵(1/2cup)

담그는 법

- 무 당근을 함께 담아 한줌의 소금으로 숨죽인 다음, 가볍게 짜서 그릇에 담는다. 소금물은 받아둔다.
- 넓은 그릇에 쌀가루죽 액젓 마늘 생강 고춧가루 설탕을 넣고 고루 섞는다. 당근 무 파 양파 밤 실고추를 넣고 고루 버무린 다음, 간을 맞춘다.
- 토마토에 양념을 1-2작은술씩 채워 넣는다. 속 넣은 쪽을 위로 가게 해서 살살 쥐고, 항아리에 차곡차곡 담는다.
- 우거지로 양념 그릇을 닦아 위에 덮고, 받아둔 소금물로 양념 그릇을 헹궈 붓는다.
- 눌림을 하고 뚜껑을 덮어 냉장한다.

> 보충 | 토마토 소박이는 즉석에서도 먹지만, 하루 이틀 익혀서 국물과 함께 먹어도 맛있다. 양념을 향신제 아닌 과일채로 바꾸면, 간식이나 애피타이저로도 훌륭하다.

가지 소박이

우리 토종가지는 갸름하며 예쁜 생김새를 지녔다. 속 섬유조직은 연하면서도 쫀득쫀득한 탄력이 있어 절임용으로 아주 우수하다. 가지 소박이는 오이의 아삭아삭함(crunchness)과는 또 다른, 질근하게 씹히는(chewy) 가지 특유의 맛에 갖은양념 맛이 배어든 명물김치다.

재 료
- 가지 3kg: 비슷한 길이의 갸름한 생가지를 골라, 긴 꼭지만 자르고 잎은 붙인 채 씻는다.
  길이로 중간 부분에 3 - 4개의 칼집을 낸 다음 한줌의 소금으로 숨을 죽인다
- 무 1kg: 단단한 무를 골라 씻어 곱게 채 썬 다음, 소금으로 숨을 죽인다. 소금물은 받아둔다
- 굵은 파 2컵(2cup): 곱게 채 썬다. 잎사귀 부분은 소금에 숨을 죽여둔다
- 양파 1컵(1cup): 곱게 채 썬다
- 당근 1/2컵(1/2cup): 곱게 채 썬다
- 새우젓 1컵(1cup): 곱게 다진다. 혹은 맑은 액젓을 쓴다
- 쌀가루죽 1컵(1cup)
- 마늘 1컵(1cup): 곱게 채 썬다
- 생강 1/3컵(1/3cup): 곱게 채 썬다
- 고운 고춧가루 3/4컵(3/4cup)
- 실고추 1/4컵(1/4cup)
- 소금: 천일염

담그는 법
◑ 넓은 그릇에 쌀가루죽 새우젓 마늘 생강 고춧가루를 넣고 고루 섞는다.
◑ 무 당근 양파 파를 넣어 버무리고, 실고추를 뿌린 후 간을 맞춰 양념을 만든다.
◑ 가지 하나에 양념 1큰술씩을 넣은 다음, 살짝 오므려 쥐고 항아리에 차곡차곡 쌓는다.
◑ 숨죽인 파줄기를 우거지로 덮고, 받아둔 소금물로 양념 그릇을 살짝 헹궈 붓는다.
◑ 1작은술의 소금을 뿌려준다. 눌림을 하고 뚜껑을 덮어 찬 곳에 둔다.

보충 | 먹을 때 가지 꼭지와 꼬리 부분은 잘라내고 두세 토막으로 썰어 보시기에 담는다. 안 썰고 그냥 찢어 먹기도 하며, 통째 살짝 쪄서 참기름 깨소금을 넣어 먹기도 한다. 냉장하거나 서늘한 계절에 담그면 오래 둘 수가 있으나, 비교적 저장성이 약한 편이다. 계절의 미각인 특수김치다.

풋감 김치

감나무에 둘러싸인 남쪽 지방, 산촌마을의 이색절임이다. 옛날 깊은 산사의 소년수도승(少年修道僧)들에게 공양된 일종의 간식으로, 사찰식에서 전래됐다. 뜨거운 여름을 거치면서 떫고 딱딱해진 풋감을 따 모아, 소금물에 백반(白礬, Alum)(5)을 넣고 절이는 김치다. 대 이파리〔竹葉, Bamboo Blade〕로 마개를 하고 볏짚(rice straw)으로 청시지(青枾漬) 항아리를 둘러싸매, 그늘진 땅 속에 묻어 삭힌다.

재 료
- 풋감 3kg: 딴딴하게 여문 푸른 풋감을, 꼭지째 옅은 소금물에 씻어 물기를 닦는다
- 소금 2/3컵(2/3cup): 천일염
- 끓는 물 3리터(3L)
- 계피쪽 30 - 40g: Cinnamon stick 또는 Cassia bark라고도 하는 계피나무의 편(片)
- 탱자 3 - 4개: 속명 Hardy Orange, 통칭 Lime, 학명 Citrus Trifoliate
- 백반 1작은술(1ts)
- 대 이파리: 신선한 대나무 잎사귀는 우거지 대신으로 쓴다

담그는 법
◑ 풋감들을 꼭지 쪽이 위로 오게 해서 마른 항아리에 담는다. 두 쪽으로 쪼갠 탱자 계피쪽 백반을 감 위에 뿌려 넣는다.
◑ 감 씻은 소금물에 대 이파리를 헹궈 물기를 털어낸 다음, 계피 탱자 등이 안 보이게 잘 덮는다.
◑ 눌림을 하고, 소금을 넣어 끓인 물을 가만히 붓는다. 감을 덮은 대 이파리까지 잠기게 한다.
◑ 뚜껑을 덮어 시원한 곳에 보관한다. 볏짚으로 항아리를 감싸 땅 속에 묻어두면 한겨울 진미로 귀한 과일간식이 된다.

보충 | 감침〔青枾漬〕을 담는 감은, 길게 생긴 연시(軟柿, 紅柿)가 아닌, 속살이 딴딴하고 납작한 모양의 단감(甘柿) 종자다. 절임 감은 반드시 꼭지를 붙인 채 담그는데, 꼭지 떨어진 감은 뭉클어지기 때문이다. 잘 익으면 옅은 주황색이 되며, 속살이 연해지고 떫은 맛도 없어져 비파(枇杷 Loquat) 나무의 열매 맛과 비슷하다. 옛날 본문사찰(本門寺刹) 수도승방(修道僧方)의 어린 학승(學僧)들에게 공양됐던 수도식(修道食)이다(6).

_____
(5)백반의 보색력(保色力)과 고미제거(苦味除去) 성분
(6)《《승가록식보(僧家祿食譜)》》, 통도사(通度寺)

풋감김치

양배추막김치

풋배추김치

깻잎짱아찌

근대김치

양배추 막김치

무와 배추를 함께 썰어 넣어 담그는 막김치에서, 주재료를 양배추와 오이로 바꾼 색다른 맛의 김치다.

재료

- 양배추 2-3개(3kg): 중간 크기로 다듬고 씻어, 가로 3cm 세로 5cm 크기로 썬다. 한줌의 소금을 뿌려 2-3시간 절인다. 이때 겉잎 4-5장은 썰지 말고 통잎으로 절여둔다
- 오이 1kg: 단단하고 가는 오이를 4-5cm 길이로 잘라 네 쪽으로 쪼갠 다음, 양배추와 같이 절인다
- 쌀가루죽 1컵(1cup)
- 맑은 액젓 1컵(1cup): 혹은 생젓
- 다진 마늘 1컵(1cup)
- 다진 생강 1/2컵(1/2cup)
- 설탕 1/2컵(1/2cup)
- 김치용 고춧가루 1컵(1cup)
- 무 2컵(2cup): 곱게 채 썬다
- 당근 1컵(1cup): 곱게 채 썬다
- 실고추 1/2컵(1/2cup)
- 굵은 파 2컵(2cup): 어슷 썬다
- 소금: 천일염

담그는 법

◐ 절인 양배추와 오이를 찬물에 가볍게 헹군 다음, 소쿠리에 건져 물기를 뺀다.
◐ 넓은 그릇에 쌀가루죽 액젓 마늘 생강 설탕 고춧가루를 넣고 섞은 다음, 무 당근 파 양배추 오이를 넣고 고루 버무리면서 실고추를 섞는다.
◐ 항아리에 담고, 따로 절여두었던 양배추 겉잎 4-5장을 위에 덮는다.
◐ 눌림을 하고 뚜껑을 덮어 찬 곳에 둔다.

보충 | 고춧가루 양을 조절해 '백김치'로 담그거나, 고춧가루를 안 넣고 피망고추나 붉은 고추로 색만 맞추면, 매운 맛에 익숙지 않은 사람들에게도 환영받는 김치가 된다. 짙고 매운 맛을 선호하면 맑은 액젓 대신 생젓국을 쓰고 고춧가루 양을 늘린다.

풋배추 김치

푸르고 연한 풋배추로 담근 김치는, 늦은봄부터 이른여름의 우리 식탁에 빠뜨릴 수 없는 구색음식이다. 신선하고 깨끗한 이 김치의 맛은, 겨울 동안의 짙었던 입맛에 참신한 청량제 역할을 한다.

재료

- 풋배추 3kg: 싱싱하고 연한 풋배추를 골라 깨끗이 다듬는다. 7-8cm 길이로 잘라 한줌의 소금으로 1-2시간쯤 숨을 죽인다
- 굵은 파 2컵(2cup): 배추와 같은 길이로 어슷 썬다
- 마늘 1컵(1cup): 곱게 채 썬다
- 생강 1/2컵(/1/2cup): 곱게 채 썬다
- 액젓 1컵(1cup): 생젓을 사용할 수도 있다
- 김치용 고춧가루 1/2컵(1/2cup)
- 고운 고춧가루 1/2컵(1/2cup)
- 실고추 1/4컵(1/4cup)
- 소금: 천일염

담그는 법

◐ 숨죽인 배추를 소쿠리에 건진다. 소금물은 버리지 않고 받아둔다.
◐ 넓은 그릇에 고춧가루 마늘 생강 액젓을 넣고 고루 섞어 양념을 만든다.
◐ 위 양념에 먼저 배추를 버무린 다음, 파 실고추를 뿌려 섞는다. 받아둔 소금물로 양념 그릇을 살짝 헹귀 붓고, 간을 알맞게 맞춘다.
◐ 항아리에 담고 눌림을 한 다음, 뚜껑을 덮어 찬 곳에 둔다.

보충 | 즉석에서 먹을 때는 식초와 설탕을 넣는다. 고춧가루를 쓰지 않고 신선한 피망고추(파프리카)를 썰어 넣으면, 한결 시원하고 맵지 않은 김치로 즐길 수 있다. 풋배추는 잘못 만지면 풋내(풀 냄새)가 나고, 잎과 줄기의 섬유조직이 상해 싱싱함을 잃는다. 씻고 절이고 양념을 섞는 여러 과정에서 너무 세게 주무르지 않도록 한다. 이 김치의 재료로 쓰는 풋배추는 이른봄에 씨를 뿌려 가꾼 것과, 김장 때 안 뽑고 남은 배추뿌리가 겨울 동안 살아남아 햇잎으로 돋아난 것 두 종류다.

깻잎 김치

연하고 깨끗한 어린 깻잎을 모아 열무 김치 양념으로 담근다. 한여름의 풍미인 깻잎 김치가 지금은 사철김치로, 어디서나 담글 수 있게 됐다.

재료

- 깻잎 3kg: 연하고 어린 깻잎을 골라 깨끗이 씻는다.
  10 - 12장씩 흰 무명실로 묶어 작은 다발을 만든 다음, 소금물(농도 3%)에 헹궈서 건진다
- 쌀가루죽 1컵(1cup)
- 맑은 액젓 1/2컵(1/2cup)
- 굵은 파 2컵(2cup): 3 - 4cm로 어슷 썬다
- 마늘 1컵(1cup): 곱게 채 썬다
- 생강 1/3컵(1/3cup): 곱게 채 썬다
- 김치용 고춧가루 1/2컵(1/2cup)
- 실고추 1/3컵(1/3cup)
- 물 10컵(2L)
- 소금: 천일염

담그는 법

◑ 넓은 그릇에 쌀가루죽 액젓 마늘 생강 고춧가루를 넣고 고루 섞는다. 파 실고추를 뿌려 넣고 4 - 5컵의 물을 부은 다음, 소금으로 간을 맞춰 다시 섞는다.

◑ 위 양념에 깻잎묶음을 하나씩 적셔, 항아리에 차곡차곡 눕혀 담는다.

◑ 눌림을 하고, 소금물로 양념 그릇을 살짝 헹궈 위에 붓는다. 간을 맞추고 찬 곳에 둔다. 깻잎 김치의 국물은, 물을 끓여서 뜨거울 때 부은 다음 그대로 식혀도 된다.

> 보충 | 열무 김치, 풋배추 겉절이 등과 함께 여름 한철의 미각을 돋우던 전통절임이다. 특히 깻잎 김치는 '밥쌈' 용으로 선호돼왔다. 지방이나 가정에 따라서는 여름철의 모든 풋김치류(충분히 삭히지 않은)에 산초(山椒)잎, 혹은 산초열매 껍질을 넣는 습관이 있다. 산초의 향미를 즐기는 것과 함께, 풋채소류에서 옮겨질 채독이나 유해 기생충을 산초의 방부력으로(7) 다스리고자 하는 것이다. 전수돼야 할 우리 식문화의 지혜며 과학이다.

---

(7)산초의 살균력(殺菌力)에 의한 것이다.

근대 김치

근대(Swiss chard)는 늦은봄부터 여름 가을이 되기까지 무성히 자란다. 국 나물 무침 밥쌈 등으로 다양하게 조리돼, 풍성한 섬유질과 부드러운 맛을 즐기게 하는 친숙한 채소다. 근대찜, 근대회, 근대 자반, 근대 김치는 일반 가정식품으로보다는 사찰식단으로 개발돼 전해왔다. 실제 도시나 농촌의 일반 가정에서는 자주 먹지 않는 근대 음식들이 사찰에서는 거의 일상적으로 공양된다고 한다.

재료

- 근대 3kg: 싱싱한 근대를 다듬어 씻어, 엷은 소금물(농도 2%)에 1시간쯤 가볍게 눌러둔다
- 무 1kg: 속살이 단단하고 싱싱한 무를 다듬어 씻어 곱게 채 썬다
- 마늘 3/4컵(3/4cup): 곱게 채 썬다
- 생강 1/4컵(1/4cup): 곱게 채 썬다
- 쌀가루풀 1컵(1cup)
- 맑은 액젓 1컵(1cup)
- 고운 고춧가루 1/3컵(1/3cup)
- 김치용 고춧가루 2/3컵(2/3cup)
- 굵은 파 2컵(2cup): 4 - 5cm 길이로 어슷 썬다
- 설탕 1/3컵(1/3cup)
- 실고추 1/4컵(1/4cup)
- 소금: 천일염

담그는 법

◑ 숨죽인 근대를 소쿠리에 건지고, 무에 1작은술의 소금을 뿌려 숨죽인다.

◑ 넓은 그릇에 쌀가루풀 액젓 마늘 생강 고춧가루 설탕을 넣어 잘 섞는다.

◑ 위 양념에 근대 무를 넣고, 파 실고추를 뿌려 버무린 다음 간을 맞춘다.

◑ 항아리에 다져 넣은 다음, 눌림을 하고 뚜껑을 덮어 찬 곳에 둔다.

> 보충 | 즉석에서 먹을 때는 식초 참기름 설탕 등을 넣고 통깨를 뿌려 먹거나, 고추장 식초 설탕에 통깨를 듬뿍 쳐 '회'로 먹는 방법이 있다. 근대는 특히 비타민 함량이 많은 채소로서, 살짝 볶아 oyster sauce를 곁들여 먹으면 맛있고 훌륭한 조리야채가 된다.

오이나박김치

오이쌈김치

오이 나박김치

상차림에서 본래의 나박 김치가 빠졌을 때 대신 담그는 즉석김치이기도 하다. 맛은 새콤달콤하다. 오래 보관할 수는 없으나, 신선한 맛 때문에 많이 애호된다.

재료

- 오이 2kg: 살이 연하고 가는 오이를 골라 깨끗이 씻는다. 납작하게 썰어 한줌의 소금으로 숨을 죽인다
- 무 1kg: 싱싱한 무를 다듬어 4-5cm 길이로 곱게 채 썬다. 오이와 함께 숨을 죽인다
- 굵은 파 1컵(1cup): 3-4cm 길이로 얇고 어슷하게 썬다
- 마늘 1/2컵(1/2cup): 곱게 채 썬다
- 생강 1/3컵(1/3cup): 곱게 채 썬다
- 고추 1컵(1cup): 고추를 꼭지와 씨를 따버리고, 3-4cm 길이로 얇고 어슷하게 썬다. 붉은 피망고추를 대신 써도 된다
- 소금: 천일염

담그는 법

- 넓은 그릇에 오이와 무를 건져 담고, 고추 마늘 생강을 넣어 섞는다.
- 오이와 무를 숨죽인 소금물에 1/3컵의 설탕을 넣고 간을 맞춘 다음, 위에 붓는다.
- 찬물과 얼음으로 국물을 더하고 간을 맞춘 다음, 찬 곳에 둔다.

보충 | 중참이나 간식에 신선한 맛을 더해 주며, 상차림에서는 한 사람 앞에 각각 한 그릇씩 놓아 먹는 김치다. 시원하고 예쁜 유리그릇에 담아 각 사람 앞에 두면 식사 전에 입맛을 돋게 하는 음식(appetizer)로서의 역할도 훌륭하게 한다. 이 김치에 양파 당근 실고추 잣 등을 넣으면 맛이나 볼품이 없어진다. 음식이 지나치게 복잡하고 장식적이면 반비례로 맛이 감소된다.

오이 깍두기

오이 소박이, 오이 짠지와 함께 오이 절임의 한 방법이다. 오이 깍두기는 즉석에서 먹을 수 있는 오이 무침처럼, 싱싱한 생오이향을 즐길 수 있다. 장만하기 쉽고 편리해 누구에게나 친숙해질 수 있는 김치다.

재료

- 생오이 3kg: 신선하고 속살이 단단하며, 씨가 없는 갸름한 모양의 것을 골라 깨끗이 씻는다. 한줌의 소금으로 문질러 숨을 죽여둔다
- 당근 2컵(2cup): 다듬어 씻어 곱게 채 썬다
- 굵은 파 3컵(3cup): 3-4cm 길이로 어슷 썬다
- 무 1/2컵(1/2cup): 속살이 단단한 무를 골라 씻어 곱게 채 썬다
- 쌀가루죽 1컵(1cup)
- 생젓국 1컵(1cup): 새우젓, 멸치젓을 곱게 다진다
- 마늘 2/3컵(2/3cup): 곱게 채 썬다
- 생강 1/3컵(1/3cup): 곱게 채 썬다
- 설탕 1/3컵(1/3cup)
- 김치용 고춧가루 2/3컵(2/3cup)
- 소금: 천일염

담그는 법

- 부드럽게 숨죽인 오이의 양끝을 잘라내고, 길이로 네 쪽을 쪼개 3-4cm토막을 낸다.
- 토막 낸 오이에 한줌의 소금을 뿌려 살짝 주물렀다가 30분쯤 절여 건진다. 소금물은 받아둔다.
- 넓은 그릇에 쌀가루죽 젓국 마늘 생강 고춧가루 설탕을 넣어 고루 섞는다.
- 오이 무 당근을 함께 숨죽인 후 건진다. 위 양념에 넣어 고루 버무리며 파를 섞는다.
- 항아리에 담아 찬 곳에 둔다.

보충 | 즉석에서 먹는 것은 식초 깨소금을 넣는다. 김치양념(Kimchi dressing)을 미리 만들어 냉장해 두면, 늘 즉석에서 생채 겉절이 맛으로 마련해 먹을 수 있다.

오이 쌈김치

오이 소박이를 잘라 배춧잎에 보쌈을 한 치장김치다. 일손이 흔하고 많을 때 자상한 마음으로 담그는 작품김치로, 시간이 부족한 현대 가정에서는 쉽게 담그기 힘들어 아쉽다.

재 료

- 오이 소박이 2kg: 싱싱하고 가는 오이를 골라, 오이 소박이를 담가놓는다
- 배춧잎 1kg: 튼튼한 배추를 골라, 상한 겉잎은 다듬고 가장자리 잎과 중간 속잎만 소금물 (농도 3%)에 절인다
- 실파 0.5kg: 뿌리를 자르고, 길이로 두 쪽 쪼갠다. 배춧잎 숨죽이는 데 넣어 가볍게 숨죽여둔다
- 맑은 액젓 1컵(1cup)
- 쌀가루죽 1컵(1cup)
- 소금: 천일염

담그는 법

◑ 절인 배춧잎을 찬물에 헹궈 소쿠리에 건진다.
◑ 오이 소박이를 양념이 안 빠져나오도록 해서 두세 토막씩 잘라 담는다.
◑ 배춧잎 한 장을 접시에 펼쳐놓고 오이 소박이를 한 토막씩 싼다. 줄기 쪽으로부터 곱게 말아 실파 잎으로 감아 맨 다음, 항아리에 차곡차곡 담는다. 오이 소박이를 토막 내지 않고 통으로 싸 감아서 넣은 뒤, 먹을 때 배춧잎과 함께 썰어 담아도 된다.
◑ 남은 배춧잎과 실파를 위에 덮는다. 액젓 쌀가루풀을 찬물에 푼 다음 소금으로 간을 맞춰, 눌림에 닿을 만큼 국물을 붓는다.
◑ 뚜껑을 닫아 찬 곳에 둔다.

보충 | 소박이 대신 오이 깍두기, 오이 겉절이 등을 쌈 속에 넣을 수도 있다. 당근 새알옥과 알타리무 등을 넣어도 새로운 모양의 쌈김치가 된다. 즉석에서 먹을 때는 항아리에 국물을 붓기 전, 알맞은 양을 꺼내 식초 설탕을 넣어 먹는다.

연근 절임

집 뜨락의 작은 연못에서 캐낸 연한 연꽃 햇뿌리들을 소금 간장만으로, 혹은 양념을 해서 담그는 절임이다. 우리 식문화의 풍류며, 멋과 맛의 진귀한 유산이다.

재 료

- 연근 3kg: 자그마하고 여린 연뿌리들을 골라 솔로 문질러 씻는다. 양쪽 끝을 잘라내고 엷은 소금물(농도 2%)에 담근다
- 간장 1리터(1L): 색과 맛이 연한 것
- 생강 1/2컵(1/2cup): 껍질째 얇게 썬다
- 알마늘 1컵(1cup): 깐 것
- 붉은 통고추 1컵(1cup): 꼭지째 마른 것
- 연잎 2-3장: 연꽃이 아닌 잎사귀
- 소금: 천일염

담그는 법

◑ 연뿌리를 건져서 0.5cm 두께로 썬 다음, 찬물로 깨끗이 헹궈 물기를 뺀다. 끓는 물에 1분 정도 데쳐 재빨리 소쿠리에 쏟아 찬물을 끼얹는다.
◑ 항아리에 연뿌리를 차곡차곡 채워 넣고, 소금물을 끓여 연뿌리가 잠길 만큼 붓는다. 연잎을 위에 덮고, 눌림을 해서 뚜껑을 덮은 후 찬 곳에 보관한다. 이렇게 소금물로만 절인 것은 여러 조리의 재료로 사용된다.
◑ 또 다른 조리로는, 간장에 생강 마늘 고추를 넣고 끓여서 연근 위에 부은 다음 연잎을 덮는 것이다. 눌림을 하고 뚜껑을 덮어 찬 곳에 둔다. 연잎은 연뿌리 데치는 물에서 살짝 숨죽여 덮는 것이 좋다.

보충 | 간장과 향신료를 넣고 절인 연뿌리는, 알뜰한 밑반찬으로 오랫동안 저장하며 먹을 수 있다. 먹을 때 설탕 식초 등을 넣으면 더욱 맛있다. 아삭아삭 씹히는 느낌과 입에 닿는 탄탄한 맛 때문에 누구나 좋아하는 음식이다.

연근절임

풋고추절임

오이짠지

풋고추 절임

이른가을 탐스럽게 영근 풋고추들은 색이 붉어지기 전에 가장 살이 단단하며, 특유의 성숙한 훈향이 있다. 이것을 절이면 고유한 특미를 지닌 음식이 된다.

재료

- 풋고추 3kg: 꼭지가 붙은 그대로 소금물(농도 3%)에 담가 하루쯤 눌러둔다
- 멸치 생젓 5컵(5cup): 곱게 다진다
- 액젓 2컵(2cup)
- 쌀가루죽 2컵(2cup)
- 마늘 1 1/2컵(1 1/2cup): 곱게 채 썬다
- 생강 1컵(1cup): 곱게 채 썬다
- 김치용 고춧가루 2컵(2cup)
- 산초열매 껍질 1/2컵(1/2cup): 산초잎(山椒葉)을 쓰기도 한다
- 소금: 천일염

담그는 법

◐ 숨죽인 고추를 찬물로 헹궈 소쿠리에 건진다.
◐ 넓은 그릇에 풋고추 멸치생젓 액젓 쌀가루죽 마늘 생강 고춧가루를 넣고 잘 버무린 다음, 물기 없는 항아리에 다져 넣는다.
◐ 산초열매 껍질을 위에 뿌려 눌림을 한 다음, 찬 곳에서 익힌다.

오이 짠지

토종오이는 생김새가 갸름하고 살이 유연하면서도 단단해, 짠지용으로 아주 알맞다.
재래 방법의 오이짠지 절임은 우리 토속 식문화의 물림으로 전수돼, 소박한 옛 맛을 꾸준히 유지하고 있다.

재료

- 오이 3kg: 몸체가 갸름한 짠지용 오이를 골라, 씻지 않고 물기만 닦아 그늘에서 하루 이틀 살짝 시들게 한다. 꼭지는 그대로 붙여둔다
- 소금 300g: 해염
- 끓는 물 2리터(2L)
- 통마늘 1-2톨: 껍질째 눌러 부순다
- 붉은 고추 1컵(1cup): 잘 마른 붉은 통고추를 꼭지째 넣는다
- 쌀가루죽 1컵(1cup)
- 대나무 잎사귀(竹葉)를 덮개용으로 준비하면 좋다

포도잎 절임

포도넝쿨이 무성히 뻗어나는 한여름부터 포도의 계절인 9월에 이르기까지 추려지는 포도잎을 소금만으로, 혹은 여러 가지 양념을 첨가해 절여두면 오래 보존되는 발효식품으로 활용도가 높다.

재료

- 포도잎 3kg: 깨끗이 씻어 20-30장씩 흰 실로 묶어 절반 접는다
- 쌀가루죽 1컵(1cup)
- 액젓 1/2컵(1/2cup)
- 굵은 고춧가루 1/2컵(1/2cup): 혹은 붉은 통고추를 두 쪽으로 갈라 쓴다
- 마늘 1/2컵(1/2cup): 얇게 썬다
- 생강 1/3컵(/1/3cup): 얇게 썬다
- 통파 1컵(1cup): 큼직하게 썰거나 길이로 두 토막 낸다
- 소금: 천일염

담그는 법

◐ 포도잎묶음(꼭지는 붙은 대로)을 차곡차곡 항아리에 눕혀 담는다.
◐ 넓은 그릇에 쌀가루죽 액젓 마늘 생강 고춧가루 파를 넣고 2컵의 찬물을 부어 양념국물을 만든 다음, 포도잎 항아리에 붓고 눌림을 한다.
◐ 양념 그릇을 살짝 헹궈 위에 붓는다. 국물은 눌림까지 올라오게 부어야 한다.
◐ 간을 맞춘 다음 찬 곳에 두거나 땅에 묻는다.

담그는 법

◐ 속이 잘 마른 항아리에 살짝 시든 오이를 차곡차곡 겹쳐 넣는다. 위에 부순 통마늘, 통고추를 놓고 대나무잎을 고루 덮는다.
◐ 넓적한 접시를 올려 나중에 오이가 떠오르지 않도록 하고, 위에 눌림을 한다.
◐ 눌림돌 위로 쌀가루죽을 붓고, 팔팔 끓인 소금물을 가만히 부어 찬 곳에서 삭힌다. 소금물은 눌림돌까지 올라와야 곰팡이가 슬지 않는다.

보충 | 통마늘 통고추 쌀가루죽을 넣는 것은 장기 저장용이 아닌 제철에 먹는 것이다.

깻잎말이 김치

중국의 계란말이(Egg Rolls), 중동의 포도잎말이(Stuffed Grape Leaves)가 유명한 것처럼, 한국 식단에서도 깻잎말이 부침, 깻잎말이 김치 같은 뛰어난 음식이 전해 내려오고 있다. 깻잎말이 김치는, 깻잎(속명 Wild Sesame, Perilla Leaves, 학명 Perilla Frutescens)에 김치속을 말아 담그는 특수미식이다.

재료

- 깻잎 0.5kg: 중간 크기의 신선한 깻잎을 꼭지째 씻어 소쿠리에 건진다.
  1작은술의 소금을 뿌려 가볍게 숨죽인다
- 무 2.5kg: 살이 단단하고 싱싱한 무를 다듬어 씻어 곱게 채 썬다
- 마늘 2/3컵(2/3cup): 곱게 채 썬다
- 생강 1/3컵(1/3cup): 곱게 채 썬다
- 고운 고춧가루 2/3컵(2/3cup)
- 쌀가루풀 1/2컵(1/2cup)
- 맑은 액젓 1컵(1cup)
- 미나리 2컵(2cup): 줄기를 곱게 채 썬다
- 갓 1컵(1cup): 푸른 갓을 4-5cm 길이로 썬다
- 실파 2컵(2cup): 줄기만 4-5cm 길이로 썰고, 잎 부분을 남겨둔다
- 부추 1컵(1cup): 깨끗이 씻어 4-5cm 길이로 썬다
- 양파 3컵(3cup): 곱게 채 썬다
- 밤 1/2컵(1/2cup): 곱게 채 썬다
- 실고추 1/3컵(1/3cup)
- 소금: 천일염
- 설탕

담그는 법

◑ 무에 한줌의 소금을 뿌려 숨죽인다. 소금물은 받아둔다.
◑ 넓은 그릇에 마늘 생강 고춧가루 액젓 쌀가루풀을 넣고 섞어 양념을 만든다.
◑ 위 양념에 숨죽인 무를 짜서 넣고, 미나리 갓 양파 부추 실파 밤 실고추를 넣어 고루 버무린다. 소금이나 액젓으로 간을 맞춘다.
◑ 숨죽여 부드러워진 깻잎 한장에 1작은술씩 양념을 떠 넣는다.
  엄지손가락보다 조금 굵게 꼭지 쪽에서부터 얌전하게 말아, 남겨둔 실파의 긴 잎으로 잡아맨다.
◑ 항아리에 차곡차곡 담은 다음, 남은 깻잎과 실파잎을 위에 덮는다.
  받아둔 소금물로 양념 그릇을 헹궈 붓고, 눌림을 한 후 뚜껑을 덮어 냉장한다.

풋콩잎 김치

농촌에서 하얀 콩꽃이 피기 전인 여름철에 여린 콩잎들을 따주는 것은 콩 열매가 더욱 많이 영글게 하기 위한 작업이다. 추려낸 콩잎들의 일부는 가축의 사료로, 일부는 음식 재료로 이용해 '콩잎 절임' 등을 담가 먹었는데, 그렇게 시도돼 전해진 것이 풋콩잎 김치다.

재료

- 풋콩잎 3kg: 푸르고 연한 콩잎을 골라 깨끗이 씻는다. 10-20장씩 흰 실로 묶어 작은 다발로 만든 다음, 소금물(농도 3%)에 헹궈 소쿠리에 건진다
- 굵은 파 2컵(2cup): 3-4cm 길이로 어슷 썬다
- 쌀가루죽 1컵(1cup)
- 멸치젓 1컵(1cup): 곱게 다진다
- 마늘 3/4컵(3/4cup): 곱게 채 썬다
- 생강 1/4컵(1/4cup): 곱게 채 썬다
- 김치용 고춧가루 2/3컵(2/3cup)
- 실고추 1/3컵(1/3cup)
- 물 2리터(2L)
- 소금: 천일염

담그는 법

◑ 넓은 그릇에 쌀가루죽 멸치젓 고춧가루 마늘 생강을 넣어 고루 섞고, 파 실고추를 뿌려 섞는다.
◑ 콩잎묶음을 하나씩 위 양념에 버무린 후, 항아리에 차곡차곡 엎어서 담는다.
◑ 눌림을 하고 2-3컵의 물로 양념 그릇을 살짝 헹궈 위에 붓는다.
◑ 뚜껑을 덮어 시원한 곳에서 삭힌다.

보충 | 지방이나 개인에 따라 깻잎보다 콩잎을 좋아하는 경우도 있다. 열무 김치처럼 국물까지 모두 먹는다. 깻잎 김치는 밥쌈으로 가장 많이 먹으며, 원래 쌀가루죽이 아닌 보리쌀 삶은 물을 부어 익혀온 것이라 한다. 물이 곱게 든 노란 콩잎을 담그는 가을까지 저장할 수 있으며, 섬유질 무기질 식물성단백질이 풍부한 훌륭한 식품이다. 짙은 멸치젓국에 풋고추 풋마늘쫑 등과 함께 섞어, 고춧가루 마늘 생강을 듬뿍 넣은 남도 지방 특유의 짙은 맛으로 별미김치를 담그기도 한다.

깻잎말이 김치

풋콩잎교기김치

포도잎표절임

가을 김치

총각무동치미

통배추젓김치

총각무 동치미

'알타리무 동치미'라고도 한다. 무성한 잎줄기가 달린 채 그릇에 담아진 이 김치는 소박한 서민들이 애호하는 김치 중 하나다. 시골 농가의 구수한 정취를 물씬 풍기며, 소담한 맛으로도 더욱 친숙함을 주는 토속동치미다.

재료

- 총각무 20 - 25개(6kg): 크기가 고른 것으로 절여서 씻은 다음 물기를 뺀다. 얼마간의 속잎줄기를 함께 준비한다. 겉쪽의 길고 질긴 잎줄기는 우거지로 처리하고, 속의 짧고 연한 잎줄기는 무에 달린 대로 함께 다듬는다
- 풋고추 2컵(2cup): 찬바람에 늦게 맺어 알맹이가 잘고 야무진 것으로, 햇쌀뜨물에 소금을 넣어 삭힌다. 풋고추 삭힌 것 대신 붉은 햇고추를 쓸 수도 있다
- 쪽파 30쪽: 뿌리째 다듬어 무 절임 위에 올려 함께 숨죽인다
- 마늘 1컵(1cup): 납작하게 쪼갠다
- 생강 1/2컵(1/2cup): 납작하게 쪼갠다
- 쌀가루죽 1컵(1cup)

담그는 법

◑ 잎줄기로 무몸을 감고, 숨죽인 쪽파로 하나 하나 잡아매 무꾸러미를 만든다. 이때 무와 줄기 사이에 풋고추 한두 개를 끼워 함께 잡아맨다. 크기에 따라 통무를 그냥 쓰거나 길이로 반을 갈라 쓴다. 가를 때 잎줄기를 그대로 붙여둔다.
◑ 항아리 속에 차곡차곡 담아 넣는다.
◑ 한 켜 한 켜 사이에 마늘과 생강을 고루 뿌려 넣은 다음, 눌림을 하고 뚜껑을 덮어 하룻밤 재운다.
◑ 다음날 쌀가루죽에 소금물(농도 3%)을 섞어 만든 김치 국물을 가만히 붓는다.

보충 | 먹을 때는 무를 길이로 네 쪽, 혹은 가로로 반달모양으로 썰어 줄기와 함께 보기좋게 담는다. 원래는 썰지 않은 무를 손으로 쥐고 소박하게 먹었다. 함께 담은 풋고추는 알맹이가 귀엽고 살이 단단하다. 별도로 설탕 식초 등을 넣어서 먹을 수도 있고, 멸치생젓 고춧가루 마늘 생강 등에 버무려 다른 반찬으로 먹거나 고추장 된장 등에 찍어 먹기도 한다. 삭힌 풋고추는 각종 밑반찬으로 활용할 수 있는 요긴한 저장식품이다.

통배추 젓김치

황새기젓 갈치젓 멸치젓 오징어젓 등 짙은 맛의 생젓을 많이 넣고, 고추 마늘 생강도 듬뿍 넣은 별미김치로, 기후가 온난한 남도 지방의 월동용 토속김치다. 배추는 줄기가 얇고 잎이 길고 푸른 종류(8)를 고르는 것이 좋은데, 줄기가 짧고 두꺼운 종류(9)는 저장성이 떨어지기(10) 때문이다.

재료

- 배추 4 - 5포기(8kg): 몸체가 길고 잎 부분이 줄기보다 긴 것으로, 중간 크기를 고른다
- 생젓 1kg: 멸치젓을 가장 흔히 쓴다
- 김치용 고춧가루 1 1/2컵(1 1/2cup)
- 다진 마늘 1컵(1cup)
- 다진 생강 1/2컵(1/2cup)
- 쪽파 400g: 통으로 쓴다

담그는 법

◑ 넓은 그릇에 마늘 생강 생젓 고춧가루 파를 넣어 고루 섞는다. 절여 씻어 물기를 뺀 배추를 양념에 얹어 한쪽 한쪽 고루 버무린다. 길이로 반을 접고 겉잎으로 감싼 다음, 항아리에 차곡차곡 담는다. 배추의 잘린 부분이 위로 오게 한다.
◑ 한겨울을 지나 다음해 봄에 먹는 김치이므로, 김치를 담은 항아리나 통을 플라스틱포로 잘 감아서 땅 속에 묻어 덮어둔다. 김치 저장용 냉장고(11)에 보존할 수 있으면 가장 바람직하다.

보충 | 무나 풀죽, 또는 다른 재료와 조미료를 넣지 않는 것이 젓갈의 특미를 살려주며, 장기간 보존에도 유리하다. 양념은 적게 젓갈성분은 많이 넣어야 빨리 시어지지 않는다(12). 장기간 저장이 필요없을 때는 땅에 묻거나 냉장을 하지 않고 바깥에서 그냥 익힌다.
원래 남도 지방의 토산김치로 전해져왔으나, 젓갈의 특미와 색다른 맛 때문에 지금은 보편화된 젓갈김치로 널리 애호되고 있다.

---

(8)Brassica Pekinensis
(9)Brassica Chinensis
(10)이 종류의 배추는 당분과 탄수화물 함량이 많아 빨리 산화한다.
(11)0°C - 4°C까지의 냉온이 변동없이 유지된다.
(12)젓갈 중 지방과 단백질성분이 산화 지연에 영향을 준다.

가을배추겉절이

섞박
겉절이

통
배
추
겨
울
김
치

가을배추 겉절이

덜 여물어서 잎과 줄기가 부드럽고 연한 이른가을 배추로 담근다. 배추의 싱싱한 맛으로 즉석에서 버무려 먹는 '계절의 풍미' 절임이다.

재료

- 배추 3-4포기(3kg): 싱싱하고 연한 중간 크기의 가을배추. 뿌리를 조금 깊이 잘라 낱장으로 뜯어진 잎들을 소금물(농도 3%)에 적셔 숨죽인다
- 실파 2컵(2cup): 뿌리만 자르고 통으로 사용한다. 굵은 대파를 쓸 경우, 길이로 쪼개 배추 길이로 자른다
- 미나리 2컵(2cup): 배추나 파와 같은 길이로 자른다
- 부추 1컵(1cup): 반으로 자른다
- 마늘 1컵(1cup): 곱게 채 썬다
- 생강 1/2컵(1/2cup): 곱게 채 썬다
- 멸치젓 1컵(1cup): 곱게 다진다
- 김치용 고춧가루 1/2컵(1/2cup)
- 고운 고춧가루 1/2컵(1/2cup)
- 실고추 1/3컵(1/3cup)
- 밤 2/3컵(2/3cup): 곱게 채 썬다
- 배 1컵(1cup): 굵게 채 썬다
- 통깨 1/4컵(1/4cup): 볶은 것
- 설탕 1/2컵(1/2cup)
- 식초 1/3컵(1/3cup)
- 소금: 천일염

담그는 법

◑ 숨죽인 배춧잎을 찬물에 살짝 헹궈 소쿠리에 건진다. 배춧잎은 그대로 사용하거나, 길이로 찢거나 절반으로 잘라 사용한다.
◑ 넓은 그릇에 생젓다짐 마늘 생강 고춧가루 설탕을 넣고 고루 섞어 양념을 만든다.
◑ 배추 파 미나리 부추를 양념에 넣어 섞은 다음, 배 밤 통깨 실고추를 뿌린다. 식초를 부어 버무려서 간을 맞춘다.

보충 | 겉절이에는 반드시 식초를 넣기(13) 때문에 즉석에서 먹는 것이 좋다. 오랜 저장용은 못된다.

(13)식초의 살균력은 토양균 등에서 오는 채독(菜毒) 방지에 효과가 있다. 발효시키지 않는 즉석절임류에는 반드시 식초를 넣는다.

섞박 겉절이

어리고 연한 무 배추를 즉석에서 섞어 버무려 담그는 겉절이다. 가을에 두텁게 영그는 통배추가 아닌, 봄배추 풋배추, 혹은 이른가을의 싸리배추 등을 재료로 해왔다. 이제는 온실 수경재배 채소들의 공급으로 계절을 가리지 않고 즐기는 사철김치가 됐다.

재료

- 풋배추 2kg: 어리고 연한 배추를 뿌리만 잘라 다듬어 소금물에 살짝 숨죽인다
- 무 1kg: 속살이 연한 무를 깨끗이 씻어, 막김치 담글 때처럼 3-4cm의 얇은 네모로 납작하게 썬다. 1큰술의 소금을 뿌려 살짝 숨죽인다
- 맑은 액젓 1컵(1cup)
- 마늘 1컵(1cup): 곱게 채 썬다
- 생강 1/2컵(1/2cup): 곱게 채 썬다
- 김치용 고춧가루 1/2컵(1/2cup)
- 고운 고춧가루 1컵(1cup)
- 갓 1컵(1cup): 파란 갓을 다듬어 10cm 길이로 썬다
- 미나리 2컵(2cup): 갓과 같은 길이로 썬다
- 실파 1 1/2컵(1 1/2cup)
- 실고추 1/2컵(1/2cup)
- 멸치젓 1컵(1cup): 곱게 다진다
- 통깨 1/4컵(1/4cup): 볶은 것
- 설탕 1/2컵(1/2cup)
- 식초 1/3컵(1/3cup)
- 소금: 천일염

담그는 법

◑ 숨죽인 풋배추와 썬 무를 소쿠리에 건진다.
◑ 넓은 그릇에 액젓 마늘 생강 고춧가루 설탕을 넣어 양념을 만든다.
◑ 무 배추 갓 미나리 파를 양념에 넣어 고루 버무린 다음, 실고추 통깨를 뿌리고 식초를 넣어 섞는다.
◑ 간을 맞춰 그릇에 담는다.

보충 | 맑은 액젓이나 생젓국, 설탕 조미료 식초 통깨 등의 첨가 여부는 입맛에 따른다. 섞박 겉절이는 저장용 음식이 아닌, 하루 이틀 사이에 먹는 무침절임이다. 김치양념을 많이 마련해 냉장해 두면, 항상 즉석에서 손쉽게 겉절이를 담글 수 있어 편리하다.

통배추 가을김치

김장철이 아직 이를 무렵, 싱싱하게 자란 가을 햇배추들이 가을의 풍요를 먼저
싣고 온다. 김장 때까지 두세 번 담그는 가을김치는, 양념이 짙지 않은 순한 맛이
특징이다. '가을김치', 혹은 '앞김장' 이라고도 한다.

재료

- 배추 3kg: 연한 가을배추로 준비해서 뿌리와 뜬잎을 자르고 다듬는다. 길이로 두 쪽을 내
  소금에 하룻밤 절인다
- 무 1kg: 속이 연하고 신선한 무를 다듬어 배추와 함께 하룻밤 절인다. 소금물은 받아둔다
- 쌀가루죽 1컵(1cup)
- 액젓 1/2컵(1/2cup)
- 김치용 고춧가루 1/3컵(1/3cup)
- 고운 고춧가루 1/3컵(1/3cup)
- 마늘 1/2컵(1/2cup): 곱게 채 썬다
- 생강 1/3컵(1/3cup): 곱게 채 썬다
- 굵은 파 2컵(2cup): 4-5cm 길이로 어슷 썬다
- 밤 1/2컵(1/2cup): 곱게 채 썬다
- 대추 1/3컵(1/3cup): 곱게 채 썬다
- 석이버섯 1/4컵(1/4cup): 물에 불린 다음 깨끗이 씻어 물기를 짠다. 곱게 채 썬다
- 단감 2개: 딴딴하고 빨간 단감을 씨를 빼고 껍질째 곱게 채 썬다. 단감 대신 붉은 토마토를
  넣어도 좋다
- 배 1개: 중간 크기로 껍질을 벗겨 곱게 채 썬다
- 설탕 1/3컵(1/3cup)
- 실고추 1/3컵(1/3cup)
- 굴 1컵(1cup): 싱싱한 굴을 소금물에 살짝 씻어 건져 곱게 다진다
- 소금: 천일염

담그는 법

◑ 절인 배추와 무를 깨끗이 씻어 소쿠리에 건져 물기를 뺀다.
◑ 넓은 그릇에 쌀가루죽 액젓 고춧가루 마늘 생강 설탕 생굴을 넣고 고루
  섞는다. 밤 대추 감 배 석이버섯 파 실고추를 뿌려 넣어 함께 섞는다.
◑ 배추 속에 길이로 서너 토막 쪼갠 무를 넣은 다음, 배춧잎 사이사이에 양념을
  넣고 아래 위로 반을 접는다.
◑ 겉잎으로 배추를 감싸 항아리 안에 차곡차곡 넣는다.
◑ 배추 우거지로 양념 그릇을 닦아 위에 덮고, 받아둔 소금물로
  양념 그릇을 헹궈 붓는다.
◑ 눌림을 하고 뚜껑을 덮어 찬 곳에 둔다. 하루 이틀 후 김치 국물의 간을 맞춘다.

비늘무 젓김치

풍요로운 수확의 계절 가을에 지방마다 가정마다 각양각색의 솜씨를 부려 담그
는 진미김치의 하나다. 어촌지방의 향토색이 우러나는 특색있는 젓갈김치류다.

재료

- 무 4-5개(4kg): 속살이 단단한 재래종 중간 크기로 고른다.
  잎줄기는 다듬어서 우거지로 쓰고, 무는 소금물에 넣어 숨을 죽인다
- 당근 1컵(1cup): 곱게 채 썬다
- 미나리 1컵(1cup): 줄기만 3-4cm 길이로 곱게 채 썬다
- 굵은 파 1컵(1cup): 3-4cm 길이로 곱게 채 썬다
- 갓 1/2컵(1/2cup): 푸른 색 갓을 2-3cm 길이로 썬다
- 생멸치젓 1컵(1cup): 곱게 다진다. 황새기 갈치 꼴두기 새우 젓 등으로 대신할 수 있다
- 맑은 액젓 1/2컵(1/2cup)
- 쌀가루풀 1컵(1cup): 죽보다 진한 것
- 고운 고춧가루 1컵(1cup)
- 김치용 고춧가루 1/2컵(1/2cup)
- 실고추 1/2컵(1/2cup)
- 마늘 1컵(1cup): 곱게 채 썬다
- 생강 1/3컵(1/3cup): 곱게 채 썬다
- 소금: 천일염

담그는 법

◑ 약 16-18시간 숨죽인 무를 길이로 두 쪽 쪼갠다.
  잘리지 않을 만큼의 깊이로 등 쪽에 4-5개의 칼집을 비스듬히 넣는다.
◑ 넓은 그릇에 쌀가루죽 액젓 마늘 생강 고춧가루 파 미나리 갓을 넣고
  잘 섞는다. 마지막에 실고추를 뿌려 넣어 양념을 만든다.
◑ 칼집을 낸 무 등 쪽에 1작은술씩의 양념을 잘 밀어 넣는다.
◑ 무 등 쪽을 위로 가게 해서 항아리 속에 차곡차곡 담는다. 무잎 우거지로 양념
  그릇을 닦아 위에 덮는다.
◑ 눌림을 하고 뚜껑을 덮어 찬 곳에서 익힌다.

보충 | 땅에 묻으면 다음해 봄이나 여름까지도 보존이 가능하다. 보통 김장김치
가 맛들기 전의 계절 미각으로 먹은, 햇무 젓갈절임이다. 먹을 때는 길이로 2-
4쪽을 내 오목한 그릇에 담는다. 혹은 길이로 얇게 썰어 살짝 늙히면 썰기 이전
의 무 모양 그대로가 돼, 볼품있고 먹기에도 편하다.

비늘무젓김치

총각무소박이

백김치두기

무청젓버무리

무채김치

총각무 소박이

총각무는 원래 통째 먹기에 알맞은 크기지만, 군데군데 칼집을 넣어 속에 양념을
채운 소박이로 담가 먹어도 좋다. 볼품이 귀엽고, 아삭아삭하게 씹히는 무 맛이
돋보인다. 일반 총각 김치는 짙은 젓국 맛과 매운 고추 맛이 강해, 무 자체 맛이
드러나지 않는다. 총각 김치와 양념 배합을 달리한 총각무 소박이는 무 본래의
맛을 살린 독특한 김치다.

재료

- 총각무 3kg: 무 살이 연하며 크기가 고른 것으로 준비한다. 연한 속잎줄기는
  한두 개 붙여서 깨끗이 다듬는다. 무성한 겉잎줄기는 무와 함께 절여 덮개로 쓰고,
  남는 것은 우거지로 말린다
- 쌀가루죽 1컵(1cup)
- 맑은 액젓 1/2컵(1/2cup): 혹은 곱게 다진 새우젓
- 다진 마늘 1/2컵(1/2cup)
- 다진 생강 1/3컵(1/3cup)
- 김치용 고춧가루 1/4컵(1/4cup)
- 고운 고춧가루 1/4컵(1/4cup)
- 무 2컵(2cup): 3cm 길이로 곱게 채 썬다
- 당근 1컵(1cup): 무와 같이 채 썬다. 혹은 붉은 피망고추 채를 쓴다
- 대파 2컵(2cup): 무와 같이 채 썬다
- 가는 미나리줄기 1컵(1cup): 3cm 길이로 썬다
- 고운 실고추 1큰술(1Ts): 당근 채 대신 붉은 피망고추를 사용할 때는 실고추를 안 써도 된다

담그는 법

◑ 절인 무를 찬물에 씻어 소쿠리에 건진다.
◑ 무의 꼭지에서 뿌리 쪽으로 2/3 길이 정도 십자(十字) 칼집을 넣는다.
◑ 넓은 그릇에 쌀가루죽 액젓 마늘 생강 고춧가루를 넣고 섞는다.
  당근 대파 미나리 등을 넣어 양념을 만든다.
◑ 무에 1작은술의 양념을 넣고 잎줄기로 돌려 맨다.
◑ 무를 눕혀가며 항아리 안에 고르게 쌓고, 그 위에 절인 무 겉잎줄기를 덮는다.
  1-2컵의 물로 양념그릇을 헹궈 위에 붓는다.
◑ 눌림을 하고 뚜껑을 덮어 찬 곳에서 익힌다.

백깍두기

아삭아삭하면서 맑은, 담백한 맛의 토막무 절임이다. 사계절 모두 담글 수 있지
만, 주로 늦가을에서 겨울에 이르는 무의 제철에 많이 담근다. 익어야만 제 맛이
드는 다른 김치와는 달리, 신선한 맛으로 거부감 없이 먹는 순한 김치다.

재료

- 무 7-9개(4kg): 중간 크기로 속살이 단단한 늦가을무를 준비한다.
  2-3cm 정도의 도톰한 네모로 썬다
- 소금 1컵(1cup): 천일염
- 설탕 1/2컵(1/2cup)
- 생강 1/3컵(1/3cup): 고운 강판에 갈아서 짠다
- 마늘 1/2컵(1/2cup): 고운 강판에 갈아서 짠다
- 붉은 통고추와 실파묶음을 항아리 맨 위에 넣기도 한다

담그는 법

◑ 토막으로 썬 무에 1컵의 소금을 뿌려 2-3시간 숨을 죽인다. 잎줄기는 잘라서
  우거지로 쓰며, 무에서 나오는 소금물은 받아둔다.
◑ 넓은 그릇에 절인 무를 넣고, 마늘즙 생강즙 설탕을 넣은 다음
  고루 버무린다.
◑ 항아리 속에 꼭꼭 다져가며 넣고 눌림을 한다.
◑ 받아둔 무 국물을 위에 붓는다.

보충 | 즉석에서 먹을 때는 식초와 설탕을 섞어 신선한 무 맛을 즐길 수도 있다.
깍두기류는 소화효능이 뛰어나 육질이나 유지방(油脂肪)성 식품에 곁들여 먹
으면 아주 좋다. 마늘즙과 생강즙의 첨가는 입맛에 따라 선택한다.
짙은 자극성 향신조미료와 강한 양념 맛에 익숙하지 못하거나, 순한 맛을 좋아
하는 사람에게 어울리는 김치다. 피클 또는 래리쉬 (Pickle or Relish) 맛과 비
슷해 많은 외국 음식과도 잘 어울린다.

무청 젓버무리

가을무의 싱싱한 잎줄기를 갖은양념으로 버무려 담그는, 시골 향취 그득한 토속 김치다. 늦맺음으로 열린 풋고추와 쪽파, 초가을에 절여둔 가을 멸치젓 들에 질은 양념을 버무려 묻어두는 이 김치는, 이른봄부터 여름철에 이르기까지 농촌 가정의 식탁에서 애호받는 별미다. 좋은 영양가를 지닌 것은 물론 입맛도 구수한 저장식품이다.

재 료

- 무잎줄기 3kg: 신선하고 연한 가을무 잎을 절여서 헹궈둔다
- 쪽파 1kg: 무 잎 절임 위에 올려 숨죽인 다음 헹군다
- 풋고추 0.5kg: 연한 줄기에 달린 작은 풋고추들을 잎줄기까지 함께 숨죽여 헹군다
- 멸치 생젓국 1컵(1cup): 황새기젓을 쓰기도 한다
- 쌀가루풀 1컵(1cup)
- 김치용 고춧가루 1컵(1cup)
- 고운 고춧가루 1컵(1cup)
- 다진 마늘 1컵(1cup)
- 다진 생강 1/2컵(1/2cup)

담그는 법

◑ 절인 무청, 쪽파, 잎줄기에 달린 풋고추들을 한 개씩 작은 다발로 뭉쳐 쪽파나 무잎줄기로 잡아맨다.
◑ 넓은 그릇에 쌀가루풀 젓국 고춧가루 마늘 생강을 넣고 섞는다.
◑ 다발로 묶어둔 무를 위 양념에 넣고 고루 버무린다.
◑ 양념에 버무린 무를 항아리에 차곡차곡 담고, 위에 무잎 우거지를 덮는다.
◑ 1-2컵의 물로 양념 그릇을 헹궈 위에 붓고, 1/3컵의 소금과 1큰술의 김치용 고춧가루를 뿌린다.
◑ 눌림을 하고 뚜껑을 덮어서 땅 속에 묻는다.

보충 | 겨울을 지난 후, 채소류가 귀한 이른봄부터의 계절을 위한 저장 목적의 김치다. 옛날에는 김치 항아리를 짚으로 잘 싸서 쌀가마니 속에 넣어 그늘진 곳에 묻어두었다. 그러나 요즘은 비닐이나 나일론 자루 속에 넣어 묻거나, 냉장고를 이용하는 추세다. 땅 속에서 겨울 동안 제대로 발효 숙성된 야채류는 풍부한 식품가(食品價: (기호가×영양가)+심리반영가)와 독특한 향취미(香醉味)로, 생리가(生理價)가 우수한 한국 고유의 토속식품이다.

무채 김치

'무 맛이 배 맛'이라는 초가을의 싱싱한 중갈이무로 담그는 계절의 미각으로, 마침 제철인 신선한 생굴과 함께 담근다. 남자들의 상에만 놓는 특별한 미식(美食 gourmet)으로 전해왔지만, 지금은 계절 구분이 없음은 물론, 모든 사람들의 상에 놓이는 소박한 서민김치로 민주화됐다. 맛과 모양도 다양하게 변해왔다.

재 료

- 햇무 3kg: 속살이 단단하고 싱싱한 무를 골라 깨끗이 다듬어 씻는다. 기계나 채칼을 쓰지 않고, 일반칼로 6-7cm 길이의 중간 굵기로 채를 썬다
- 생굴 0.5kg: 신선한 생굴을 중간 크기보다 작은 것으로 골라, 1작은술의 소금을 뿌려둔다
- 당근 0.2kg: 껍질을 벗기고 씻어 곱게 채 썬다
- 쌀가루죽 1컵(1cup)
- 맑은 액젓 1컵(1cup)
- 다진 마늘 2/3컵(2/3cup)
- 다진 생강 1/3컵(1/3cup)
- 김치용 고춧가루 1/2컵(1/2cup)
- 고운 고춧가루 1/3컵(1/3cup)
- 설탕 1큰술(1Ts)
- 굵은 파 2컵(2cup): 4-5cm 길이로 곱게 채 썬다
- 실고추 1/3컵(1/3cup)
- 소금: 천일염

담그는 법

◑ 무와 당근을 함께 담고 한줌의 소금을 뿌려 30분 정도 숨죽인다. 소금물은 받아둔다.
◑ 넓은 그릇에 쌀가루죽 액젓 마늘 생강 고춧가루 설탕을 넣어 섞는다.
◑ 숨죽인 무 당근과 생굴을 건져 위 양념에 넣고, 파 실고추를 뿌려 버무린다.
◑ 항아리에 다져 담고, 받아둔 소금물로 양념 그릇을 헹궈 위에 붓는다.
◑ 눌림을 하고 뚜껑을 덮어 찬 곳에 둔다.

보충 | 즉석에서 먹을 때는 설탕을 더 넣거나, 식초 양념고추장 등에 다시 무친다. 제철의 생굴이 지닌 갯가의 풍미와 연한 햇무에 담긴 초가을의 향긋한 맛은, 이 계절만의 미각으로 전해온 것이다. 고춧가루 대신 붉은 피망고추를 채 썰어 넣고, 당근 대신 주황색의 단감을 곱게 채 썰어 넣으며, 맑은 액젓을 안 쓰고 여러 가지 생젓을 넣는 등, 빛깔이나 맛이 색다른 여러 가지 형태의 김치로 담글 수도 있다.

호박김치

호박 김치

서리 맞아 주황색으로 속살이 더욱 단단해진 가을호박은, 무와는 또 다른 연한 맛과 달작지근한 맛을 지녔다. 옛부터 농촌 지방의 토산김치로 알려져왔으나, 지금은 별미김치로 어디서나 손쉽게 담글 수 있다.

재료

- 호박 1~2개(3kg): 누렇게 잘 익은 가을호박을 두 쪽으로 쪼갠 다음, 씨를 빼고 껍질을 깎는다
- 통배추 0.5kg: 막김치 담글 때처럼 3~4cm 길이로 썬다. 겉잎 몇쪽을 떼 우거지로 쓴다
- 무잎줄기 0.5kg: 신선한 무잎줄기를 배추와 같은 길이로 썬다
- 쪽파 1컵(1cup): 약 4cm 길이로 썬다
- 다진 마늘 1컵(1cup): 곱게 다진다
- 다진 생강 1컵(1cup): 곱게 다진다
- 김치용 고춧가루 3/4컵(3/4cup)
- 고운 고춧가루 1/4컵(1/4cup)
- 실고추 1/2컵(1/2cup)
- 맑은 액젓 1컵(1cup)
- 소금: 천일염

담그는 법

◑ 소금물(농도 3~4%)에 배추, 무잎줄기, 호박 썬 것을 넣어 2~3시간 동안 눌러 절인다. 찬물에 헹군 다음 소쿠리에 건져 물기를 뺀다.
◑ 넓은 그릇에 액젓 마늘 생강 고춧가루를 넣고 섞어 양념을 만든다.
◑ 절인 호박, 배추, 무잎줄기를 양념에 넣고 버무린다.
실고추를 뿌리고 항아리에 차곡차곡 담은 다음 잘 다져서 우거지를 덮는다.
◑ 눌림을 하고 뚜껑을 덮어 찬 곳에 둔다.

보충 | 가을걷이 무렵 농촌에서 흔히 볼 수 있는 서리 맞은 호박들을 저장하는 하나의 방편이다. 호박우거리로 썰어 말리기도 하고, 배추와 무줄기 등을 섞어 심심한 가을호박 김치로 담그기도 한다. 가을호박 김치는 계절의 산제, 고사 등의 차림에 필요한 나물 음식(채소)류로 전해진 것인데, 지금은 흔치 않은 가을호박의 미각이 아쉬워 선호되고 있다.

고구마줄기 김치

부드러운 고구마줄기는 산채인 고비나물처럼 비교적 일정한 굵기의 섬유질 식물이다. 고구마줄기 김치는 이른가을에서 중추에 이르는 기간, 고구마밭 밭걷이할 때 농촌에서 많이 수거되는 계절의 특산물로 담가온 별미김치다.

재료

- 고구마줄기 3kg: 잎은 모두 훑어내고 부드러운 순만을 따서 7~8cm 길이로 자른다
- 무 1kg: 막김치 담글 때처럼 약 3~4cm 네모로 얇고 납작납작하게 썬다
- 쌀가루풀 1컵(1cup)
- 맑은 액젓 1컵(1cup)
- 쪽파 2컵(2cup): 고구마줄기와 같은 길이로 썬다
- 다진 마늘 3/4컵(3/4cup): 곱게 다진다
- 다진 생강 1/4컵(1/4cup): 곱게 다진다
- 김치용 고춧가루 1/2컵(1/2cup)
- 고운 고춧가루 1/2컵(1/2cup)
- 실고추 1/3컵(1/3cup)
- 통깨 1/4컵(1/4cup): 볶은 것
- 소금: 천일염

담그는 법

◑ 고구마순을 깨끗이 씻어 한줌의 소금으로 가볍게 부빈 다음,
1시간쯤 눌러 숨을 죽인다.
무 썬 것도 함께 넣어 숨죽인 후 찬물에 헹궈 소쿠리에 건져둔다.
◑ 넓은 그릇에 쌀가루죽 액젓 마늘 생강 고춧가루를 넣어 양념을 만든다.
◑ 숨죽인 고구마순과 무를 양념 그릇에 넣어 버무린 다음,
쪽파 실고추 통깨를 뿌려 무친다.
◑ 간을 맞춰 항아리에 다져 넣고, 무청 우거지를 덮는다.
◑ 눌림을 하고 뚜껑을 덮어 찬 곳에 보관한다.

보충 | 고구마줄기 김치는, 무 대신 무잎줄기를 넣고 맑은 액젓 대신 짙은 생젓국을 넣어 땅 속에 묻어두면 다음해 여름까지도 변치 않고 먹을 수 있는 저장성 높은 '줄기김치'다. 봄과 여름의 어중간한 계절에 묵은김치의 구수한 맛이 반갑게 전해지는 토속절임이다.

고구마줄기 김치

고춧잎김치

통대파김치

고춧잎 김치

한국의 흙과 물과 기온에서 자란 고추는 다른 어떤 나라의 고추와도 다른 독특한 풍토미각을 지닌다. 가을이 깊어갈 무렵 밭에서 서리 맞아 살짝 시든 고추나뭇대를 걷어, 연한 줄기에 매달린 알맹이 풋고추와 늦맺음의 잘자름한 풋고추 잎을 수확한다. 이를 통째로 짙은 양념과 젓국물에 버무려 담근 고춧잎 김치는, 채소류 발효의 지혜로운 풍습이 돋보이는 농촌 지방 특산물 김치다.

재료

- 고춧잎 3kg: 서리 맞아 시든 고춧잎줄기와 매달린 알맹이 고추를 모두 사용한다. 깨끗이 다듬은 다음 4-5cm 길이로 잘라 소금물(농도 3-4%)에 담갔다 건진다
- 무 1kg: 어른 새끼손가락 크기로 썰어, 고춧잎 절이는 데 함께 넣어 숨을 죽인다
- 쪽파 2컵(2cup): 5-6cm 길이로 썬다
- 멸치생젓 1 1/2컵(1 1/2cup): 곱게 다진다
- 액젓 1/2컵(1/2cup)
- 쌀가루풀 1컵(1cup)
- 다진 마늘 1컵(1cup): 곱게 다진다
- 다진 생강 1/2컵(1/2cup): 곱게 다진다
- 김치용 고춧가루 1 1/2컵(1 1/2cup)
- 실고추 1/2컵(1/2cup)
- 소금: 천일염

담그는 법

◐ 숨죽인 고춧잎줄기와 썬 무를 찬물에 헹군 다음 소쿠리에 건져 물기를 뺀다.
◑ 넓은 그릇에 액젓 멸치젓 쌀가루풀 마늘 생강 고춧가루를 넣어 섞은 다음, 고춧잎줄기와 무를 넣고 고루 버무린다.
◑ 파 실고추를 뿌려가며 무쳐서 항아리에 담은 다음, 배춧잎 우거지를 덮는다.
◑ 눌림을 하고 뚜껑을 덮어, 찬 곳에 두거나 땅 속에 묻는다.

보충 | 고춧잎 김치는 다음해 여름까지도 잘 보존되는 저장성 높은 절임류다. 특히 푸성귀가 귀한 봄과 여름의 중간 계절에, '묵은절임(발효물)'의 특색인 깊은 맛으로 각광 받는 음식이다.

통대파 김치

외국 채소를 우리 식 조리방법으로 담근 김치다. 종래의 실파나 쪽파 김치와는 아주 다른 맛과 모양의 이색김치다.

재료

- 통(대)파 2kg: 허리채가 길고 굵기가 고른 통파(Leek)의 실뿌리를 잘라내고 뿌리쪽 줄기를 깨끗이 씻는다. 3-4cm 크기로 썰고 한줌의 소금을 뿌려 숨죽인다. 끝부분 잎은 대충 잘라내고 일부 성한 것은 뿌리줄기와 함께 절여둔다
- 무 0.5kg: 다듬어 씻어 곱게 채 썬다. 1작은술의 소금을 뿌려 숨을 죽인다
- 당근 1컵(1cup): 곱게 채를 썬다. 무와 함께 숨을 죽인다
- 쌀가루죽 1컵(1cup)
- 새우젓 2/3컵(2/3cup): 곱게 다진다
- 다진 마늘 1/2컵(1/2cup)
- 다진 생강 1/3컵(1/3cup)
- 고운 고춧가루 1/3컵(1/3cup)
- 김치용 고춧가루 1/2컵(1/2cup)
- 설탕 1/3컵(1/3cup)
- 실고추 1/4컵(1/4cup)
- 소금: 천일염
- 굵은 파 2컵(2cup): 3-4cm 길이로 어슷 썬다
- 밤 1/2컵(1/2cup): 곱게 채 썬다

담그는 법

◐ 넓은 그릇에 쌀가루죽 새우젓 마늘 생강 고춧가루 설탕을 넣어 양념을 만든다.
◑ 숨죽인 통파 무 당근 실고추를 넣어 섞고, 간을 맞춘다.
◑ 항아리에 다져 넣고, 절여둔 통파잎을 우거지로 덮는다.
◑ 눌림을 하고 뚜껑을 덮어 찬 곳에 둔다.

보충 | 담근 즉석에서 먹을 때, 식초가 아닌 참기름과 깨소금을 넣는다. 병에 넣어 냉장해 두면 1-2주일은 보존이 되지만, 너무 오래 두면 색 모양 맛이 변한다. 지방분이 많은 음식들(육류와 생선 등)과 함께 먹는 약미(藥味, condiment)식품이다.

통오징어 소박이

원래 동해안 지방의 별미김치로 전해온 것이나, 지금은 어느 지역에서든 별식김 치로 담그게 됐다. 주재료인 생오징어는 제철인 이른가을에 물이 가장 좋으며, 크 기도 고른 것을 쓸 수 있다. 내장을 완전히 제거해 버린 싱싱한 오징어의 몸통 속 에 갖은양념을 채워 삭힘으로써, 저장성은 물론 뛰어난 맛을 만들어온 지혜와 과 학성이 돋보이는 김치다.

재료

- 생오징어 8 – 9마리(3kg): 껍질을 벗긴 중간 크기. 머리와 다리는 잘라 소금에 절인다
- 무 1kg: 곱게 채 썬다
- 다진 마늘 1/2컵(1/2cup)
- 다진 생강 1/3컵(1/3cup)
- 김치용 고춧가루 1/2컵(1/2cup)
- 고운 고춧가루 1컵(1cup)
- 액젓 1/2컵
- 대파 1/2컵(1/2cup): 잘게 썬다
- 차좁쌀밥 2컵(2cup): 차좁쌀을 씻어 찜솥에 찐다
  좁쌀에는 흙과 돌이 있어 꼭 일어야 한다
- 우거지 대신 쓸 쪽파 20개
- 소금: 천일염

담그는 법

◑ 오징어의 머리와 다리는 별도로 절인다.

◑ 몸통은 껍질을 깨끗이 벗긴다. 살이 미끄럽게 굳어지지 않도록
약간의 소금으로 안팎을 가볍게 문지른 다음, 위를 한동안 눌러두었다가
찬물로 재빨리 헹군다.

◑ 절여둔 머리와 꼬리를 가볍게 찬물에 헹궈, 종이나 수건 등으로 짜서
물기를 뺀다. 작은 토막으로 다진다.

◑ 다진 오징어를 넓은 그릇에 담고, 고춧가루 마늘 생강을 섞어
양념을 만든다.

◑ 무에 소금 반큰술을 뿌려 가볍게 짜 건지고, 소금물은 보관한다.
마지막에 양념 그릇을 살짝 헹궈 오징어 항아리에 부어준다.

◑ 양념에 무와 액젓을 넣고 다시 잘 섞는다.

◑ 오징어의 물기를 닦아내고 양념을 집어넣은 다음, 항아리에 가지런히 담는다.

◑ 배추나 무청 우거지 또는 숨죽인 쪽파 등으로 덮고,
약간의 고춧가루와 소금 1작은술을 뿌린다.

◑ 눌림을 하고 뚜껑을 덮어 찬 곳에서 익힌다.

보충 | 먹을 때는 김밥처럼 보기좋게 썰어 오목한 그릇에 담는다. 떡 종류나 순대 수육 어육포에, 혹은 외래 음식인 파스타 피자 햄버거 통닭 생선튀김 등의 기름 진 음식에 매콤한 향신제(香辛劑)로 곁들인다. 식품으로서의 가치가 높고, 귀한 약미제(藥味劑, condiment)이기도 하다.

통오징어 소박이

갈치식해

가자미식해

갈치 식해

지방질이 덜한 어린 가을갈치의 염장물에 갖은양념을 첨가해서 담그는 갈치 식해는 남해안 지방의 별미다. 갈치젓과는 전혀 다른 맛을 지닌 '진미절임' 류에 속한다.

재료

- 잔갈치 2kg: 싱싱하고 어린 가을갈치를 소금으로 부벼 비늘을 없앤 다음, 내장을 꺼내고 말끔히 씻는다. 한 마리를 2-3 토막으로 나누어 소금물(농도 3%)에 절인 뒤 하루 이틀 눌러둔다
- 무 2kg: 굵고 큼지막하게 채를 썰어 한줌의 소금으로 숨을 죽인다. 숨죽은 무는 소쿠리에 건져 물기를 뺀다. 소금물은 받아둔다
- 좁쌀 1kg: 잘 일어서 질지 않게 밥을 짓는다
- 쌀가루죽 1컵(1cup)
- 맑은 액젓 1컵(1cup)
- 다진 마늘 1컵(1cup)
- 다진 생강 2/3컵(2/3cup)
- 고운 고춧가루 1컵(1cup)
- 김치용 고춧가루 1/2컵(1/2cup)
- 파 2컵(2cup): 대파는 길게 쪼개 4-5cm 크기로 어슷 썬다
- 산초 1/4컵(1/4cup): 산초 열매의 껍질가루, 혹은 1/2 컵의 산초잎
- 소금: 천일염

담그는 법

◑ 단단해진 갈치살을 2-3cm 토막으로 잘라서 고운 고춧가루로 문질러 부빈다. 물기를 뺀 무도 함께 무친다.
◑ 넓은 그릇에 좁쌀밥(식은 후에) 쌀가루죽 액젓 마늘 생강 그리고 김치용 고춧가루를 넣어 양념을 만든다.
◑ 갈치살토막과 무 파를 양념에 넣어 골고루 버무린다.
◑ 싱거우면 소금으로 간을 맞춘 다음, 항아리에 담고 우거지를 덮는다.
◑ 산초가루, 혹은 산초잎을 뿌리고 (14) 눌림을 한다.
◑ 소금물로 양념 그릇을 살짝 헹궈 붓고, 뚜껑을 덮어 찬 곳에서 익힌다.

보충 | 잘 삭은 갈치살은 뼈와 함께 오독오독 씹히는 맛이 있으며 미끌거리지 않는다.

---

(14)산초는 방부(패) 살균력이 있는 것으로 알려져 있다. 중국 일본 한국에서는 예로부터 씨를 뺀 산초알 껍질가루를 추어탕 등에 약미로써 반드시 넣어왔으며, 특히 산초잎은 우리나라 사찰음식으로 전해오는 귀한 약재식물(藥材食物)이다.

가자미 식해

관북 해안지역에서 유래된 것이나, 지금은 전국 어디서나 담그는 '특미절임' 류로서 널리 애호된다.

재료

- 가자미 2kg: 몸체가 얇고 속살이 단단한 잔가자미를 고른다. 하루나 이틀 전에 가자미의 비늘 지느러미 내장 등을 깨끗이 다듬고, 뼈와 껍질은 그대로 둔 채 2-3cm 토막으로 잘라 소금물(농도 3%)에 절여 눌러둔다
- 무 2kg: 굵고 큼직한 채로 썰어 한줌의 소금을 뿌려 숨을 죽인다
- 좁쌀 1kg: 잘 일어서 질지 않게 밥을 짓는다
- 쌀가루죽 1컵(1cup)
- 맑은 액젓 1컵(1cup)
- 다진 마늘 1 1/2컵(1 1/2cup)
- 다진 생강 1컵(1cup)
- 고운 고춧가루 1컵(1cup)
- 김치용 고춧가루 1/2컵(1/2cup)
- 멸치젓 1컵(1cup): 곱게 다진다
- 파 2컵(2cup): 대파는 길이 4-5cm로 어슷 썬다
- 실고추 1/3컵(1/3cup)
- 소금: 천일염

담그는 법

◑ 살이 단단하게 굳어진 가자미를 2-3cm 토막으로 자른 다음, 고운 고춧가루를 묻혀서 문질러둔다. 숨죽인 무를 건져 물기를 뺀 후 가자미와 함께 무친다.
◑ 넓은 그릇에 좁쌀밥 쌀가루죽 액젓 마늘 생강과 김치용 고춧가루를 넣어 양념을 만든다.
◑ 양념에 가자미와 무를 넣고 고루 버무린 다음, 파와 실고추를 뿌려서 섞는다.
◑ 항아리에 담고 우거지로 위를 덮는다.
◑ 눌림을 하고 뚜껑을 덮어 찬 곳에서 익힌다.

보충 | 식해 종류는 비교적 장기간 보존이 가능하다. 단, 항아리에서 꺼낼 때마다 위를 잘 다져 덮어서 우거지와 눌림이 흐트러지지 않도록 해야 부패와 변질을 막을 수 있다.

통가지 쌀겨절임

날씬하고 고운 몸매의 여린 통가지를 살짝 시들게 해서 쌀겨에 묻는 저장절임이다. 가지살이 씹히는 탄력과 겨 속에서 삭은 통가지의 맛은, 말린 가지나물 등과는 비교가 안될 정도로 독특하고 훌륭하다.

재료

- 통가지 3kg: 갸름하고 모양이 고르며 연한 가지를 골라 꼭지째 2 - 3일간 그늘에서 시들게 한다
- 고운 쌀겨 2kg
- 소금 200g: 천일염
- 생강 100g: 얇고 납작하게 썬다
- 분말생강 50g: 혹은 건조생강편
- 무잎줄기나 배춧잎 우거지: 혹은 흰 종이나 흰 천을 덮개용으로 마련한다
- 1컵의 붉은 통고추를 넣을 수도 있다

담그는 법

◑ 시든 통가지를 마른 천이나 종이로 깨끗이 닦는다.
◑ 쌀겨에 소금 생강 통고추를 넣고 섞어 '절임겨'를 만든다.
◑ 항아리 바닥에 한두줌의 절임겨를 간다. 가로 세로 한 켜씩 촘촘하게 가지를 넣는데, 가지 한 켜 사이마다 절임겨 한 켜씩을 충분히 덮는다.
◑ 위에 우거지를 덮고 남은 겨를 모두 뿌린다. 종이나 천으로 덮개를 할 때는, 덮기 전에 겨를 뿌린다.
◑ 눌림을 하고 뚜껑을 덮어 찬 곳에 둔다.

보충 | 겨 절임한 통가지는 간장 절임한 것보다 맛이 담백해, 다른 요리의 소재로도 다양하게 활용된다. 어육포 산적 등과 함께 꼬치로 마련하면 서로 잘 어울리는 맛이 된다. 이런 절임류들은 거의 우리의 사찰음식으로 전래돼온 것이다.

무 쌀겨절임

늦가을 김장철이 다가오기 전 풍성한 단무의 한철이 있다. 큰 다발로 탐스럽게 묶인 무성한 단무더미가 여기 저기 쌓인다. 수확의 보람과 함께 가을의 풍요를 구가하는 아름다운 계절이다. 단무는 말림이나 절임류의 저장식품 재료로 손색이 없다. 각종 무말랭이로부터 장아찌류의 가공과 저장에 더없이 좋은 소재다.

재료

- 단무 4kg: 살과 결이 단단하며, 매끄럽고 연한 무를 고른다. 몸체가 알맞게 긴 단무를 잎줄기가 붙은 그대로 2 - 3일간 그늘에서 시들게 한다(15). 양손으로 각각 무 꼬리와 뿌리 쪽을 쥐고 맞닿도록 휘어도 부러지지 않을 만큼 시들게 둔다
- 고운 쌀겨 1kg
- 소금 300g: 천일염
- 고추씨 100g: 깨끗한 햇고추씨
- 무잎 : 얼간해서 물기를 뺀 우거지. 항아리 안을 넉넉히 덮을 만큼 준비한다

담그는 법

◑ 시든 무의 잎줄기는 잘라 우거지로 처리하고, 무만을 한곳에 모아둔다.
◑ 쌀겨에 소금과 고추씨를 넣어 골고루 섞는다.
◑ 잘 마른 항아리 바닥에 1/2컵 쯤의 쌀겨섞음을 간다.
◑ 무를 한 켜 나란히 놓고 쌀겨를 덮는다. 무 한 켜와 쌀겨 한 켜를 번갈아가며 쌓는데, 무의 방향이 가로 세로로 한 켜씩 엇갈리게 한다.
◑ 무잎 우거지로 무와 쌀겨가 완전히 안 보이도록 두껍게 덮는다.
◑ 눌림을 하고 뚜껑을 덮어 찬 곳에 보관한다.

보충 | 오랜 보존을 위해 기온 변화가 적은 땅 속에 묻어온 것이 재래 방법이다. 요즘에도 항온(恒溫)보존이 가능한 냉장고 안에서 반년 정도는 변질 없이 먹을 수 있는 저장성 높은 음식이다. 무의 맛이 향긋하고 깨끗하며, 조직이 아삭아삭하면서 연해 누구나 좋아하는 음식이다. 이듬해 봄이나 여름까지 저장이 가능하다. 먹을 때는 찬물로 쌀겨와 고추씨 등을 말끔히 씻어서 무 모양 그대로, 얇게 썰어 담는다. 식초와 설탕을 약간 넣으면 달콤 새콤한 맛이 된다. 본래 맛 그대로도 매우면서 달작지근한(16), 고유의 담백한 맛을 충분히 즐길 수 있다.

(15)수분 증발로 인한 건조로 무가 딱딱해지는 것을 막고, 단 맛을 더욱 농축(濃縮)하기 위해 말린다.
(16)고추씨에서 오는 매운 맛과, 수분 증발로 강화된 달작지근한 맛이 혀끝에 잘 느껴진다.

통가지쌀겨절임

무쌀겨절임

가을콩잎절임

무청젓갈절임

통오이쌀겨절임

가을콩잎 절임

가을이 오면 누렇게 물드는 콩잎들을 따서, '멧젓'이라고 부르는 가을멸치의 새 젓국에 갖은양념을 해 담그는 이 절임은, 남도 농촌의 별미다. 짙은 양념에 맞든 누른 콩잎에는 구수하고 정겨운 남도 농촌의 가을정서가 듬뿍 담겨 있다.

재 료

- 가을콩잎 3kg: 싱싱한 콩잎을 깨끗이 씻어 10-20장씩 묶음을 만든다.
  길이로 반을 접은 다음 묶어도 된다
- 쌀가루죽 2컵(2cup)
- 멧젓 2컵(2cup): 가을 햇멸치로 담근 멸치젓으로, 국물보다 멸치살이 많다.
  건더기를 곱게 다진다
- 김치용 고춧가루 1컵(1cup): 혹은 붉은 통고추
- 다진 마늘 1 1/2컵(1 1/2cup)
- 다진 생강 1컵(1cup)
- 쪽파 2컵(2cup): 뿌리만 자르고 통째 씻는다
- 찬물 4-5컵(4-5cup): 끓여서 식힌다
- 소금: 천일염

담그는 법

- 콩잎묶음들을 소금물(농도 3%)에 담가 약 2-3시간 눌러뒀다 건진다.
- 넓은 그릇에 쌀가루죽 멧젓(다진 것과 젓국물 함께) 고춧가루 마늘 생강을 넣고, 1-2컵의 물을 타서 고루 젓는다.
- 숨죽인 콩잎묶음의 꼭지를 쥐고 하나씩 양념 국물에 무쳐 항아리에 차곡차곡 눕혀 담는다. 씻어둔 쪽파로 양념 그릇을 훔쳐 위에 덮는다. 고춧가루 대신 붉은 통고추를 쓸 경우, 꼭지째 파와 함께 덮는다.
- 위에 한 큰술의 소금을 고루 뿌려주고 눌림을 한다.
- 뚜껑을 덮어 찬 곳에 두거나 땅에 묻는다.

보충 | 구수한 토속절임 콩잎은 이른봄에서 여름까지, 향토미 넘치는 귀한 맛과 풍부한 섬유질의 식품가로 소박한 명맥을 이어가고 있다.

무청 젓갈절임

유난히 부드럽고 탐스러운 가을무 잎은 무기질 비타민이 풍부하며, 고급 식물섬 유소를 충분히 함유한 채소다. 무청 젓갈절임은 짙은 생젓갈에 마늘 고추 맛이 함께 삭아들어가, 월동 후의 봄이나 여름에야 특유한 향취의 토속절임 맛을 지니 게 된다. 농어촌의 비절(非節) 가정식품으로 소중한 음식이다.

재 료

- 무잎줄기 3kg: 가을무의 무성한 줄기를 골라 잎 끝부분은 다듬어버린다.
  소금물(농도 3%)에 담가 하루 동안 눌러둔다
- 알마늘 500g: 통마늘을 알알이 깐다
- 풋고추 500g: 단단한 알맹이로 골라 꼭지째 무청과 함께 절인다
- 쌀가루풀 1컵(1cup)
- 멧젓 3컵(3cup): 가을멸치로 담근 햇젓
- 다진 마늘 1컵(1cup)
- 다진 생강 1/2컵(1/2cup)
- 김치용 고춧가루 1컵(1cup)
- 고운 고춧가루 1컵(1cup)
- 쪽파 500g: 뿌리만 자르고 통째 쓴다
- 소금: 천일염

담그는 법

- 절인 무청과 풋고추를 찬물에 헹궈 소쿠리에 건진다.
- 알마늘을 낱낱이 다듬고 꼭지 쪽의 검은 부분을 잘라낸다.
- 넓은 그릇에 쌀가루풀 멧젓 마늘 생강 고춧가루를 넣고 잘 섞는다. 물기를 뺀 무청 풋고추 알마늘 쪽파를 넣고 함께 버무린다. 무청은 덮개용으로 조금 남겨둔다.
- 버무린 무청을 알마늘 풋고추 쪽파가 고루 섞이도록 해서 항아리에 차곡차곡 담는다. 무청으로 위를 덮고 잘 다진다.
- 눌림을 하고 뚜껑을 덮어 찬 곳에서 익힌다.

보충 | 우리나라의 싸늘한 가을 기온에서도 2-3주간 익혀야 제 맛이 든다. 연 하고 부드러운 무줄기에 갖은양념이 배어들어 삭은 맛은, 짙은 젓갈 냄새와 함 께 특유의 맛을 지닌다. 땅에 묻어 저장하면 다음해 여름까지도 변치 않는다.

통오이 쌀겨절임

짠지용 재래오이를 쌀겨에 절여 장기간 보존하는 저장절임이다. 어떤 음식류와도 함께 먹을 수 있는 깔끔한 반찬이다.

재료

- 오이 3kg: 살이 단단하며 유연한 짠지용 재래오이나 커비(kirby)오이 가는 것을 쓴다.
  꼭지를 따지 않고 1 - 2일 그늘에서 시들게 한다
- 고운 쌀겨 2kg
- 소금 200g: 천일염
- 고추씨 100g: 혹은 마른 통고추 붉은 것
- 생강 100g: 얇고 납작하게 썬다
- 분말생강 50g: 혹은 건조생강편
- 무잎줄기나 배춧잎 우거지: 혹은 흰 종이나 흰 천을 덮개용으로 마련한다

담그는 법

◑ 고운 쌀겨에 소금 고추씨 생강을 고루 섞어 '절임겨'를 만든다.

◑ 항아리 바닥에 한두줌의 절임겨를 깐다. 시든 오이를 가로 한 줄 세로 한 줄씩 촘촘히 깔고, 각 줄 사이로 겨를 한 켜씩 덮는다.

◑ 위에 우거지를 덮고, 남은 겨를 모두 뿌려준 뒤 눌림을 한다.
종이나 천으로 덮개를 할 때는 덮기 전에 겨를 뿌린다.

◑ 찬 곳에 보관한다.

> 보충 | 이 절임에는 물을 넣지 않는다. 오이가 절여질 때 나오는 자가수분으로 충분히 쌀겨를 적셔 훈향 좋은 겨절임으로 삭는다.
> 먹을 때는 찬물에 살짝 헹궈 겨를 없앤 다음, 보기좋은 모양으로 썬다. 식초와 설탕을 넣어도 괜찮고, 김밥말이 속에 넣으면 생오이보다 맛있다.

짠지무

늦가을, 잘 여물어 살이 단단한 재래종 무를 다른 양념 배합 없이 소금으로만 절이는 무 염장법의 하나다. 김장을 모두 마친 뒤 여분으로 남은 무는 땅 속의 움집에 파묻어 생태(生態) 저장하거나, 짙은 소금물에 절여 염장 보관한다. 염장 보관은 육류, 조금(鳥禽)류, 생선조패(藻貝)류 등을 말리는 건조의 지혜와 함께, 인류시원(人類始源)부터 지금까지 전해진 식품 보존의 원초적 방법이다.

재료

- 무 6 - 7개(4kg): 중간 크기보다 조금 작은 재래종 짠지무를 사용한다.
  잎줄기는 잘라서 말리고, 단단한 속살의 알맹이 무만을 깨끗이 씻어
  하루쯤 응달에서 시들게 한다
- 소금 1 1/2컵(320g): 해염
- 붉은 통고추 5 - 6개: 알이 작은 것. 혹은 고추씨 한 큰술 쯤을 천에 싸서 넣어준다(17)

담그는 법

◑ 시든 무를 상처가 안 나게 잘 다듬는다(18). 자잘한 실틸 등은 그대로 둔다.

◑ 무를 항아리에 차곡차곡 담고, 통고추 혹은 고추씨 싼 것을 위에 넣는다.

◑ 눌림을 한 다음, 눌림까지 잠기게 찬물을 충분히 부어주고
위에 소금을 고르게 뿌린다.
이때 무덩이가 국물 위로 떠오르지 않게 해야 한다.

> 보충 | 짠지무는 다른 김치류에 비해 소금을 많이 쓴다(약 2 - 2.5배 정도). 먹을 때 항아리에서 꺼내 찬물로 씻어서 소금기를 없애준다. 짙은 소금 맛을 없앤 다음, 물김치 무침김치 채김치 짠무지 등의 다양한 즉석 조미김치의 소재로 요긴하게 사용할 수 있다.
> 짠무지는 다음해 여름까지도 보존이 잘 돼, '묵은김치'로 즐긴다. 땅 속에 묻으면 더욱 오래간다.

---

(17)고추나 고추씨는 유해균(有害菌)을 죽이는 살균력(殺菌力)이 있어 부패 방지에 도움이 된다.
(18)무몸에 상처가 있으면 저장 중에 뭉크러지거나, 살이 물렁해질 수 있다.

짠지무

알 마 늘 절 임

알마늘 절임

옛부터 마늘에는 강장(强壯)성분과 살균력이 있다고 알려져왔고, 현대과학도 이를 증명했다. 마늘은 양념뿐만 아니라 의약제(醫藥劑 medicative, medicinal material)와 약미소(藥味素 condimental commodity)로써도 널리 쓰인다. 중국을 비롯한 동양에서뿐만 아니라 프랑스인, 이탈리아인, 또 유태인들조차 마늘 없이는 제대로 음식 맛을 못 낸다고 알고 있다. '알마늘 술' '알마늘 절임'은 모두 마늘성분을 보존해 온 저장(가공) 방법이다.

재료

- 마늘 2kg: 알 크기가 고르고 단단한 것을 골라, 상처 없이 껍질을 깐다.
  뿌리 쪽의 검은 딱지를 잘라내고 찬물에 헹궈 소쿠리에 건진다
- 소금 1/4컵(1/4cup): 천일염
- 설탕 1컵(1cup)
- 식초 100밀리리터(100ml): 무색의 증류 식초
- 물 1리터(1L)

담그는 법

◑ 마른 항아리에 알마늘을 쏟아 넣고, 위를 고르게 다진다.
  설탕 소금을 섞어 위에 붓고, 식초를 넣은 다음 눌림을 한다.
◑ 물을 붓고 뚜껑을 덮어 찬 곳에 둔다.
  물을 부을 때 마늘 알이 떠오르지 않도록 조심한다.
◑ 가을 겨울 봄까지도 변질 없이 보존할 수 있지만, 물기가 들어가거나
  불결하게 관리하면 물러지고 곰팡이가 슬어 못 먹는다.

보충 | 병에 넣으면 국물이 옅은 주황색으로 익는 것이 보이며, 항아리에 담으면 생마늘 냄새가 아닌 숙성된 훈향이 감돈다. 오래 보존할 수 있는 알마늘 절임은 새콤달콤한 반찬으로, 또 국물은 양념간장 소스(샐러드 드레싱) 등으로 활용된다. 감기에도 효능(19)이 있다.

---

(19)마늘성분에 함유된 열량, 칼슘, 스코포라민(scopolamine), unti - scorbutic agent 등에 의해 감기 바이러스에 대한 항성(抗性)이 생긴다.

생굴 김치

중추를 넘어 싸늘한 초겨울, 생굴의 맛이 으뜸인 제철에 담가 계절의 풍미를 즐긴다. 신선한 맛과, 다른 김치에서 얻지 못하는 높은 향미로 더욱 애호되는 김치다.

재료

- 생굴 3kg: 껍질을 깐 지 오래되지 않은 신선한 생굴. 중간 크기나 약간작은 것을 준비한다.
  굴의 색깔은 흰 것보다 회색에 가까운 것이 좋다
- 무 1kg: 곱게 채 썬다
- 마늘 1컵(1cup): 곱게 채 썬다
- 생강 1/2컵(1/2cup): 곱게 채 썬다
- 맑은 액젓 1컵(1cup)
- 김치용 고춧가루 1컵(1cup)
- 파 2컵(2cup): 굵은 파로 채 썬다
- 밤 1/2컵(1/2cup): 곱게 채 썬다
- 잣 1큰술(1Ts)
- 실고추 1/2컵(1/2cup)
- 미나리 1컵(1cup): 4-5cm 길이로 썬다
- 소금: 천일염

담그는 법

◑ 생굴은 껍데기를 깨끗이 골라내고 소금물(농도 5%)에 헹궈 소쿠리에 건진다.
  소금물은 받아둔다. 소금물로 썻으면 생굴의 살이 굳어 단단해진다.
◑ 받아둔 소금물에 무를 넣어 숨죽인 후, 가볍게 눌러 물기를 짠다.
◑ 넓은 그릇에 액젓 마늘 생강 고춧가루를 넣고 섞는다.
◑ 굴 무 파 미나리 밤 잣을 넣고 실고추를 뿌려가며 섞은 다음,
  항아리에 차곡차곡 담는다.
◑ 보관해 둔 굴 물로 양념 그릇을 살짝 헹궈 위에 붓고,
  절인 배춧잎이나 숨죽인 통쪽파줄기 등의 우거지로 위를 덮는다.
◑ 가벼운 눌림을 해서 찬 곳에 둔다.

보충 | 즉석에서 먹을 때 식초와 깨소금, 레몬 또는 라임 (Lime) 한두 쪽을 짜 넣으면 맛이 더욱 신선해진다. 생굴 김치는 저장성이 없어 장기간 보존하기 힘들다. 신선도가 사라지면 곧 발효가 시작돼 차츰 젓으로 숙성된다. 이른겨울 한철, 바닷가 향취가 듬뿍 담긴 신선한 특미로 애호되는 특수김치의 하나다.
신선함이 맛의 전부인 생굴은, 5월부터 8월까지가 산란기로 그때는 식용하지 않는다. 영어로는 'R' 자가 없는 달, 즉 May(5월), June(6월), July(7월), August(8월)에 굴을 안 먹는다. 생굴의 육질이 연화돼 맛이 없고, 독성이 있는 것으로 믿어지기 때문이다.

생굴김치

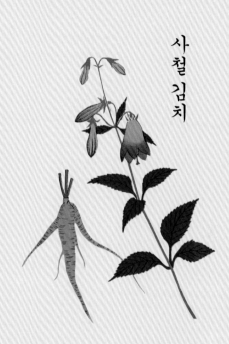

사철 김치

통배추백김치

총각김치

통배추 백김치

모양이 깨끗하며 담백하고 순한 맛이어서, 어린이와 노인층에서 특히 좋아하는
시원한 김치종류다. 어느 계절 어떤 음식류와도 어울리는 청량한 맛으로, 배추
맛의 신선함과 담백한 양념 맛이 순수하게 남아 있는 풍미김치다. 권식작용(20)
도 높아 누구나 애호한다.

재료

- 배추 2~3포기(5kg): 색이 희고 줄기 부분이 좋은 중간 크기로 골라 절인다
- 무 600g: 곱게 채 썬다
- 파 150g: 4~5cm로 썬다
- 당근 1/3컵(1/3cup): 곱게 채 썬다
- 마늘 1/3컵(1/3cup): 가늘게 채 썬다
- 생강 1/3컵(1/3cup): 가늘게 채 썬다
- 미나리 1컵(1cup): 4~5cm로 자른다
- 밤 1/2컵(1/2cup): 곱게 채 썬다
- 대추 1/2컵(1/2cup): 곱게 채 썬다
- 배 1/2컵(1/2cup): 곱게 채 썬다
- 석이버섯 1/4컵(1/4cup): 곱게 채 썬다
- 잣 1/4컵(1/4cup)
- 붉은 통고추 2~3개: 마른 것
- 맑은 액젓이나 소금

담그는 법

◐ 절인 배추를 깨끗이 손질한다.
◐ 넓은 그릇에 무 당근 파 마늘 생강 미나리 밤 대추 배 석이버섯 잣을
  넣어 고루 섞으며, 맑은 액젓이나 약간의 소금으로 간을 한다.
◐ 위 양념을, 절인 배추의 잎 사이 사이에 고루 채워넣는다.
  속이 흘러나오지 않게 한두 개의 겉잎으로 속을 넣은 배추를 감싸,
  길이로 반을 접는다. 항아리에 차곡차곡 담는다.
  위에 마른 통고추를 얹고 눌림을 해, 찬 곳에서 익힌다.
◐ 하루 이틀 후에 김치 국물 양과 간을 다시 조절한다.

> 보충 | 양념이 담백해, 배추 자체에 함유된 탄수화물이나 첨가한 당분 등으로도
> 빨리 시어질 우려가 있다. 따라서 짧은 기간 자주 담가야 하는 번거로움이 있다.

---

(20)김치 중의 미생물들(유산균 초산균 외 효모 등)의 작용에 의한
appetitive function.

총각 김치

'알타리 김치'라고도 하나 '총각 김치'로 더 많이 불린다. 김치의 주재료인 무잎
줄기가 치렁치렁하게 길어서, 옛 총각들의 길게 땋은 탐스러운 머리 모양과 닮았
음을 빗대어 생긴 말이라 전해진다. 총각무는 살이 단단하며, 무 맛의 특미인 겨
자 맛처럼 콧등이 찡해오는 매운 느낌이 보통 무보다 훨씬 강하다. 총각무는 한국
의 토양에서만 재배되는 토속무다.

재료

- 총각무 4kg: 줄기와 잎이 신선하고 연한 것으로 깨끗이 다듬어서 하룻밤
  소금물(농도 3%)에 담가 숨을 죽인다. 다음날 찬물로 2~3번 말끔히 씻어 물기를 뺀다
- 쌀가루죽 2컵(2cup)
- 맑은 액젓 1 1/2컵(1 1/2cup)
- 새우젓 1컵(1cup): 곱게 다진 육젓
- 김치용 고춧가루 1컵(1cup)
- 고운 고춧가루 1/2컵(1/2cup)
- 다진 마늘 1/2컵(1/2cup)
- 다진 생강 1/4컵(1/4cup)
- 쪽파 10쪽: 뿌리만 잘라낸 통쪽파를 소금물에 적셔 숨을 죽인다

담그는 법

◐ 넓은 그릇에 쌀가루죽 액젓 고춧가루 마늘 생강을 넣고
  잘 버무려 양념을 만든다.
◐ 잎과 줄기가 달린 긴 무를 3~4개씩 쥐고 다발 모양이 되게 접은 다음,
  숨죽인 쪽파로 둘레를 감아 풀리지 않게 한다.
◐ 다발로 묶은 총각무를 양념에 넣고 버무려서, 차곡차곡 항아리에 담는다.
◐ 배추나 무청 우거지로 덮고,
  약간의 소금 액젓, 김치용 고춧가루를 살짝 뿌려둔다.
◐ 눌림을 해서 찬 곳에서 삭힌다.

> 보충 | 먹을 때 총각 김치의 무다발을 그대로 나란히 담기도 하나, 먹기 좋은 크
> 기로 썰어 담기도 한다. 처음부터 다발로 잡아매지 않고, 무와 잎줄기, 쪽파를
> 모두 잘라서 버무려 담그기도 한다. 대개 여름이나 이른가을에는 오랫동안 저장
> 하지 않아도 되므로 무를 잘라서 담게 되며, 긴 겨울을 위한 저장용의 경우는 다
> 발로 담가왔다.

시금치 겉절이

풋배추 겉절이

시금치 겉절이

이전에는 봄과 여름에만 먹던 시금치가 지금은 사철로 공급돼, 손쉽게 겉절이로 장만해서 즐길 수 있게 됐다. 새봄의 햇시금치나 온실에서 금방 뽑아온 어리고 연한 시금치는, 냉이처럼 가느다란 뿌리까지도 함께 먹는다.

재료

- 시금치 2kg: 어리고 연한 시금치를 뿌리째 씻어 소쿠리에 건진다
- 무 0.5kg: 다듬어 씻어 곱게 채 썬다
- 마늘 2/3컵(2/3cup): 곱게 채 썬다
- 생강 1/3컵(1/3cup): 곱게 채 썬다
- 양파 1컵(1cup): 4-5cm 길이로 곱게 채 썬다
- 실파 1컵(1cup): 4-5cm 길이로 썬다
- 고운 고춧가루 2/3컵(2/3cup)
- 김치용 고춧가루 1/2컵(1/2cup)
- 맑은 액젓 2/3컵(2/3cup)
- 실고추 1/4컵(1/4cup)
- 설탕 1/3컵(1/3cup)
- 소금: 천일염
- 쌀가루죽 1컵(1cup)

담그는 법

◑ 넓은 그릇에 쌀가루죽 마늘 생강 고춧가루 액젓 설탕을 넣어 섞는다.
◑ 시금치 양파 실파 무 실고추를 넣고 고루 버무린 다음,
　소금이나 액젓 등으로 간을 맞춘다.
◑ 즉석에서 먹을 때는 식초 참기름을 조금씩 넣어 먹는다.

　보충 | 겉절이는 어떤 채소가 재료이든 오래 둘 수 없는 음식이다. 시금치는 데쳐서 먹는 것으로 알아왔지만 생채 절임으로도 훌륭하다. 양념 간장을 만들어 겉절이 소스로 무쳐도, 신선하고 새로운 맛을 즐길 수 있다.

배추 막김치

사계절을 통해 가장 손쉽게 담그는 일반 김치의 대표다. 양배추 중국배추 스페인 상추 등 지역에 따라 많이 나는 주재료들로 언제 어디서나 김치를 담글 수 있다. 저장성은 짧지만 낯선 외국인들도 맛있어 하며 담글 수 있는 보편성을 지닌 김치다. 포기로 담근 통김치류에 비해 모양새의 격이 떨어지지만, 식초 설탕 등을 넣어 즉석에서도 먹을 수 있는 장점이 있다. 손길이 많이 안 가며 '샐러드식' 김치 등으로 다양하게 즐길 수 있기에, 2000년대의 새로운 부식으로 개발, 세계인의 식탁에서 환영받을 수 있는 김치다.

재료

- 배추 2-3포기(3kg): 줄기가 두껍고 푸른 잎이 적은 중간 크기.
　다듬고 씻어 4-5cm 길이로 썰어 숨죽인다
- 무 1kg: 살이 단단한 토종무. 4cm 네모로 썰어 배추와 함께 숨죽인다
- 맑은 액젓 1/2컵(1/2cup)
- 쌀가루죽 1컵(1cup)
- 김치용 고춧가루 1컵(1cup)
- 고운 고춧가루 1/3컵(1/3cup)
- 다진 마늘 1/2컵(1/2cup)
- 다진 생강 1/3컵(1/3cup)
- 대파 2컵(2cup): 3-4cm 길이로 어슷 썬다

담그는 법

◑ 넓은 그릇에 액젓 쌀가루죽 마늘 생강 고춧가루를 넣고 잘 젓는다.
◑ 숨죽인 무와 배추의 간을 보아 싱거우면 약간의 소금이나 액젓을 넣는다.
◑ 위 양념에 무 배추 대파를 넣고 가볍게 섞은 다음, 항아리에 담는다.
◑ 우거지를 덮고 눌림을 한 다음, 뚜껑을 덮어 찬 곳에서 익힌다.

　보충 | '겉절이' 또는 '샐러드' 맛으로 즉석에서 먹을 때는 쌀가루죽을 안 넣는다. 쌀가루죽은 발효 숙성을 위한 것이다. 첨가하는 액젓의 종류나 양은 입맛에 따라 선택한다.

풋배추 겉절이

부드럽고 연한 풋배추를, 절이거나 숨죽이는 과정 없이 생배추 그대로 소금물에 씻어 즉석에서 양념에 버무려 담그는 신선한 김치다. 옛날에는 풋배추가 자라는 여름 한철에만 담글 수 있었지만, 지금은 사철을 통해 즐길 수 있는, 즉석 절임김치다.

재료

- 풋배추 2kg: 싱싱하고 연한 풋배추를 골라 다듬는다.
  통째 씻어 소금물(농도 3%)에 헹궈 소쿠리에 건진다
- 실파 0.5kg: 뿌리를 자르고 깨끗이 씻어, 배추 헹군 소금물에 헹궜다가 건진다
- 미나리 0.3kg: 뿌리와 끝이파리들을 잘라내고 깨끗이 다듬어 씻는다.
  소금물에 헹궈 건진다
- 새우젓 1컵(1cup): 곱게 다진다
- 쌀가루죽 1컵(1cup)
- 마늘 1컵(1cup): 곱게 채 썬다
- 생강 1/2컵(1/2cup): 곱게 채 썬다
- 고운 고춧가루 1/3컵(1/3cup)
- 김치용 고춧가루 1/3컵(1/3cup)
- 설탕 1/2컵(1/2cup)
- 실고추 1/4컵(1/4cup)
- 식초 1/3컵(1/3cup): 증류 식초
- 소금: 천일염

담그는 법

◑ 약간 숨죽은 풋배추 실파 미나리를 넓은 그릇에 같이 담는다.
◑ 새우젓 마늘 생강 고춧가루 설탕을 넣어 가볍게 무친다.
◑ 간을 알맞게 맞추고, 실고추를 뿌려 섞어서 그릇에 담아 찬 곳에 둔다.
◑ 식초는 당장 먹을 만큼에만 치고, 올리브 오일이나 샐러드 오일을
  곁들이면 좋다.
  식초를 치지 않은 것만 항아리에 담아 눌림을 하고 냉장한다.

보충 | 어떤 겉절이라도 시간이 지나면 야채 속의 자가수분이 빠져나와 고이면서 맛과 색깔이 희석된다. 야채가 안 절여졌기 때문인데, 또 야채를 절이면 겉절이의 생명인 싱싱한 맛이 없어져 곤란하다. 겉절이 김치류는 필요할 때마다 즉석에서 버무릴 수 있는 김치 소스나 드레싱을 따로 마련해 두면 담그기가 훨씬 편하다.

당근 깍두기

외국 채소를 우리 음식으로 조리할 수 없는 형편이거나, 무 배추를 살 수 없는 지역 등에서 담그는 이색깍두기다. 고춧가루 마늘 생강 젓갈을 넣지 않고 새콤달콤한 토막 당근절임으로도 담그며, 종래의 김치양념을 모두 넣어 본래 맛의 깍두기를 담가도 맛이 새롭다.

재료

- 당근 3kg: 속살이 연하고 싱싱한 것을 골라, 껍질을 벗기지 않고 깨끗이 씻는다.
  2 - 3cm 네모로 썰어, 한줌의 소금을 뿌려 섞어둔다
- 무 0.5kg: 속살이 단단한 무를 씻어 곱게 채 썬다. 당근에 함께 넣어 숨죽인다
- 쌀가루죽 1컵(1cup)
- 새우젓 1/2컵(1/2cup): 곱게 다진다
- 마늘 2/3컵(2/3cup): 곱게 채 썬다
- 생강 1/3컵(1/3cup): 곱게 채 썬다
- 고운 고춧가루 1/2컵(1/2cup)
- 설탕 1큰술(1Ts)
- 굵은 파 2컵(2cup): 3 - 4cm 길이로 어슷 썬다
- 양파 1컵(1cup): 곱게 채 썬다
- 밤 1/2컵(1/2cup): 곱게 채 썬다
- 소금: 천일염
- 배춧잎 우거지를 마련해 둔다

담그는 법

◑ 당근 무를 소쿠리에 건진다. 소금물은 받아둔다.
◑ 넓은 그릇에 쌀가루죽 새우젓 마늘 생강 고춧가루 설탕을 넣고
  고루 섞어 양념을 만든다.
◑ 위 양념에 당근 무 파 양파 밤을 섞고, 간을 맞춰 고루 버무린다.
◑ 항아리에 다져 담고 우거지를 덮는다. 받아둔 소금물로
  양념 그릇을 살짝 헹궈 위에 붓고 눌림을 한다. 뚜껑을 덮어 찬 곳에 둔다.

보충 | 담근 즉석에서 먹어도 되며, 무 깍두기, 오이 깍두기를 곁들여서 삼색 깍두기로도 즐긴다.

당근깍두기

깍두기

알양파깍두기

317

깍두기

늦가을에서 이른겨울, 풍성한 제철에 잘 자라 살이 단단한 무의 맛이 절정에 이르렀을 때, 이를 이용해 담그는 지혜로운 무 저장법이다. 특히 곰탕 갈비탕 등의 탕국류에 잘 어울린다. 왕조의 수라상으로부터 농어촌 빈자의 밥상에 이르기까지, 빈부와 지역을 막론하고 널리 즐기는 한국 음식이다. 흔히 한국인의 기질에 비유되는 끼[氣] 있는 맛(21), 단단함과 싹싹한 맛, 그러면서도 은근한 탄력을 지닌 맛이 이 깍두기 속에 있다. 새콤달콤하면서도 진한 매운 맛이 복합된 깍두기 본래의 특수 맛 때문에, '깍두기 빠진 식탁'은 '마음 없는 상차림'이라 할 정도로 깍두기는 한국인의 가슴 속에 깊이 자리한 김치다.

재료
- 무 2-3개(4kg): 중간 크기의 토종무. 깨끗이 다듬고 씻어
  2-3cm 크기의 도톰한 네모로 자른다
- 쌀가루죽 1컵(1cup)
- 새우젓 1/2컵(1/2cup): 육젓으로 다진다. 맑은 액젓 등으로 대신할 수 있다
- 생굴 1컵(1cup): 신선한 것으로, 소금물에 헹궈 물기를 뺀다
- 김치용 고춧가루 1컵(1cup)
- 고운 고춧가루 1/2컵(1/2cup)
- 다진 마늘 2/3컵(2/3cup)
- 다진 생강 1/3컵(1/3cup)
- 굵은 파 2컵(2cup): 3-4cm 길이로 어슷 썬다

담그는 법
◗ 토막으로 자른 무를 소금물(농도 3%)에 담가 숨죽인 다음 소쿠리에 건진다.
  싱싱한 무잎과 줄기 부분은 버리지 말고 잘라서 깨끗이 다듬어둔다.
◗ 넓은 그릇에 쌀가루죽 새우젓 고춧가루 마늘 생강을 넣고,
  잘 섞어 양념을 만든다.
◗ 절인 무를 양념에 쏟아붓고, 무와 양념이 같은 색이 될 정도로 버무린다.
◗ 항아리에 고르게 담고, 위를 다진 다음 절여둔 무청(22)이나
  배추 우거지로 덮는다.
◗ 가벼운 눌림을 해서 찬 곳에서 익힌다.

보충 | 네모로 썬 무는 반드시 숨을 죽여야 한다. 생무 표면에는 양념이 고르게 묻혀지지 않고 무토막과 양념이 유리되는 현상이 일어나, 무와 양념국물의 색깔이 달라지기 때문이다. 그리고 쌀가루죽을 깍두기에 넣은 것은 현대과학이 반증한 뛰어난 지혜다(23).

---

(21)아삭아삭하며 연한(crunchy) 맛, 바삭바삭하며 단단한(crispy) 맛, 충분한 탄력의 씹히는(chewy) 맛이 함께 어우러져 있는가 하면, 달콤 새콤 매콤 짜릿 쌉싸르[甘酢 辛 鹽 苦]한 오미(五味) 또한 어울린 묘미는, 흔히 한국인들의 특성(trait)으로 간주돼왔다.

(22)무청은 무기질 비타민 섬유질이 풍부한 훌륭한 식품재료다. 절인 무청을 알맞게 포장해 냉동하거나 그늘에서 말리면, 색깔과 섬유조직에 조금도 손상 없이 오래 보존할 수 있다. 저장성과 활용도가 매우 높은 건조야채다.

(23)쌀가루 속의 전분질이나 무기질 등이 김치의 숙성 발효 과정에서 여러 가지 유기산을 생성해, 인체에 유익한 미생물의 생육 번식을 촉진한다.
미생물의 존재와 활동 상황을 몰랐던 오랜 옛날에, 조상들은 이미 음식물의 맛을 통해 미생물의 동태나 인체에 미치는 영향을 인지하는 지혜를 보였다. 이처럼 삭히는 [醱酵] 음식물에 곡물과 당질 등의 탄수화물을 첨가함으로써 음식물의 숙성에 관여하는 미생물의 생성 번식을 촉진해온 사실은, 현대과학이 다시 한번 눈을 뜨는 놀라운 계기가 됐다.

알양파 깍두기

외국의 채소로 우리 김치를 담그는 사례 중 하나다. '진주알 양파', 또는 그냥 '알양파'로 부르는 작고 동그란 양파(pearl onion)는, BC 2500년 경 이집트의 피라미드 건립에 사역한 노예들에게 "100 달란트(talents)의 은화로 양파와 마늘을 사주다"라고 나와 있는 것에서 문자 기록의 시초를 찾을 수 있다. 알양파를 통째 깍두기 양념에 버무려 담근다. 콧등이 찡해 오는 맛의 맵싹달싹한 알양파 깍두기는 기름진 육류 음식과 특별히 어울리는 단짝 음식이다.

재 료

- 알양파 2kg: 알 크기가 고른 것을 골라, 껍질을 벗긴 다음 깨끗이 씻는다. 소금 한줌을 뿌려 숨을 죽인다
- 무 0.5kg: 속살이 단단한 무를 다듬어 씻어 곱게 채 썬다. 1작은술의 소금을 뿌려둔다
- 당근 1컵(1cup): 껍질을 벗겨 씻어 곱게 채 썬다. 무와 함께 숨을 죽인다
- 쌀가루죽 1컵(1cup)
- 새우젓 1/2컵(1/2cup): 곱게 다진다
- 마늘 2/3컵(2/3cup): 곱게 채 썬다
- 생강 1/3컵(1/3cup): 곱게 채 썬다
- 고운 고춧가루 2/3컵(2/3cup)
- 김치용 고춧가루 1/3컵(1/3cup)
- 설탕 1/2컵(1/2cup)
- 굵은 파 2컵(2cup): 3-4cm 길이로 어슷 썬다
- 밤 1/2컵(1/2cup): 곱게 채 썬다
- 실고추 1/3컵(1/3cup)
- 소금: 천일염

담그는 법

◑ 숨죽은 양파 무 당근을 소쿠리에 건진다. 소금물은 받아둔다.
◑ 넓은 그릇에 쌀가루죽 새우젓 마늘 생강 고춧가루 설탕을 넣어 양념을 만든다.
◑ 위 양념에 양파 무 당근을 넣고 버무리면서 파 밤 실고추를 뿌려 섞는다. 간을 맞춰 항아리에 다져넣는다. 받아둔 소금물로 양념 그릇을 살짝 헹궈 위에 붓는다.
◑ 눌림을 하고 뚜껑을 덮어 찬 곳에 둔다.

보충 | 담근 즉시 먹을 때는 식초를 넣는다. 고춧가루 젓갈 등을 안 넣고 소금 설탕 식초로만 희게, 새콤달콤한 맛으로 담그기도 한다.

양배추 동치미

'호배추 동치미'라고도 한다. 양배추로 담근 물김치로, 한겨울 동치미 맛과는 다른 사철동치미다. 냉국수나 냉면 국물로 일품이며, 일반 배추나 무의 동치미보다 한결 시원하다. 톡 쏘는 겨자 맛처럼 약간은 자극성 있는 독특한 맛을 지녔다.

재 료

- 양배추 2kg: 푸른 잎은 떼내고, 가로 2cm 세로 4-5cm로 썬다. 소금물(농도 3%)에 넣고 1-2시간 눌러둔다
- 미나리 2컵(2cup): 잔잎들을 떼버리고 부드러운 줄기만 3-4cm 길이로 썬다
- 마늘 1컵(1cup): 곱게 채 썬다
- 생강 1/2컵(1/2cup): 곱게 채 썬다
- 쌀가루죽 1컵(1cup)
- 붉은 풋고추 1/2컵(1/2cup): 혹은 푸른 고추. 길게 두 쪽으로 갈라 씨를 뺀다
- 실파 1컵(1cup): 혹은 대파를 쪼개 3-4cm 길이로 어슷 썬다
- 소금: 천일염

담그는 법

◑ 숨죽인 양배추를 소쿠리에 건진다. 배추에서 나온 물에 미나리를 넣어 숨죽인다.
◑ 양배추와 미나리를 항아리에 같이 담고, 쌀가루죽 마늘 생강 파 고추를 넣는다.
◑ 찬물을 붓고 한두 번 저어준 후 뚜껑을 덮는다.
◑ 소금과 물로 간을 맞춘 다음 시원한 곳에서 익힌다.

보충 | 오래 두고 먹을 수 없으며, 냉장을 해도 1주일이 지나면 시어진다. 외국 중에서는 독일 네덜란드 오스트리아 사람들이 가장 많이 먹는다. 미국 사람들도 잘 먹는 양배추 김치, '사우어크라우트(Sauerkraut)'와 똑같은 재료로 담그지만, 담그는 방법, 맛, 먹는 방식이 다르다.

양배추물김치

320

양배추겉절이

양배추보쌈김치

321

양배추 물김치

양배추 막김치와는 다른 맛의 물김치로, 담그기가 편하고 맛도 담백하다. 국수말이 냉면 등의 시원한 국물로 많이 쓰이며, 사철김치라서 어느 계절에나 손쉽게 담글 수 있다.

재 료

- 양배추 3kg: 싱싱한 것을 골라, 가로 2cm 세로 5cm 정도로 썰어 깨끗이 씻는다.
  1/2컵의 소금을 뿌려 2-3시간 눌러 절인다. 소금물은 받아둔다
- 오이 1kg: 살이 단단하고 크기가 작은 것으로 골라 양배추와 함께 절인다
- 쌀가루죽 1컵(1cup)
- 마늘 1컵(1cup): 곱게 채 썬다
- 생강 1/3컵(1/3cup): 곱게 채 썬다
- 붉은 고추 1/2컵(1/2cup): 붉은 풋고추를 씻어 꼭지와 씨를 버리고,
  제 길이대로 가늘게 썬다
- 굵은 파 2컵(2cup): 3-4cm 길이로 어슷 썬다
- 소금: 천일염

담그는 법

◑ 절인 양배추를 건진다. 오이는 5cm 토막으로 자른 후
   다시 네 쪽으로 쪼개서 양배추와 함께 담아둔다.
◑ 넓은 그릇에 쌀가루죽 마늘 생강 파 고추를 넣고 섞어 양념을 만든다.
◑ 위 양념에 양배추 오이를 넣고 버무려서 항아리에 담는다.
◑ 받아둔 소금물로 양념 그릇을 살짝 헹궈 위에 붓고,
   잘 저어가며 국물 양과 김치 간을 맞춘다.
◑ 뚜껑을 덮어 찬 곳에 둔다.

보충 | 1-2일 만에 국물이 아주 시원하고 맛좋은 김치로 익는다. 온전한 물김치로 먹는 것 외에 국수말이나 냉면의 국물로 이용하는 등 쓰임새가 다양한 김치다.

양배추 겉절이

몇 가지 맛이 다른 양념, 곧 '김치 드레싱(Kimchi dressing)'을 만들어 두고 언제든지 즉석에서 준비해 먹을 수 있는 간편한 샐러드식 김치다.

재 료

- 양배추 3kg: 싱싱한 양배추를 골라 겉잎 몇 쪽만 떼내고 절인다.
  가로 2-3cm 세로 4-5cm로 썰어 한줌의 소금으로 2-3시간 절인다
- 오이 1kg: 가늘고 속살이 단단한 것을 골라, 4-5cm 길이로 네 쪽을 낸다.
  소금 한줌을 뿌려 숨을 죽인다
- 당근 1컵(1cup): 껍질을 벗기고 씻어 곱게 채 썬다. 1작은술의 소금을 뿌려 숨죽인다
- 양파 2컵(2cup): 가늘게 채 썬다
- 굵은 파 1컵(1cup): 3-4cm 길이로 어슷 썬다
- 맑은 액젓 1컵(1cup)
- 다진 마늘 3/4컵(3/4cup)
- 다진 생강 1/4컵(1/4cup)
- 붉은 풋고추 1/2컵(1/2cup): 꼭지와 씨를 따고 3-4cm 길이로 어슷 썬다
- 소금: 천일염

담그는 법

◑ 김치양념(24)을 만든다. 만든 것을 살균처리(25)해,
   '김치 드레싱(Kimchi dressing)' '김치 소스(Kimchi sauce)'로
   이름 붙여 보관한다.
◑ 넓은 그릇에 액젓 마늘 생강을 넣고 섞는다.
◑ 절인 양배추를 찬물에 씻어 소쿠리에 건진다.
   숨죽인 오이도 건져 함께 담는다.
◑ 양배추 오이 당근을 넣고, 양파 파 고추를 넣어 고루 섞는다.
◑ 간을 잘 맞추고 그릇에 담아 냉장한다. 좀더 오래 저장하려면
   식초 같은 것은 넣지 않는 편이 좋다. 양배추 겉잎을 우거지로 덮고
   눌림을 한다. 뚜껑을 덮어 찬 곳에 둔다.

보충 | 식초를 넣어야 하는 겉절이들은, 먼저 양념으로 버무린 다음 식초를 넣는다. 양념과 같이 갈아져서 잘 보이지 않는 파나 실고추는 그릇에 담을 때 더 넣을 수도 있다.

(24)김치 드레싱(Kimchi dressing)

재료: 쌀가루죽 1컵, 생마늘 1컵, 굵은 파 2컵, 맑은 액젓 1/2컵, 생강 1/3컵,
　　　양파 1컵, 소금 2큰술, 설탕 1큰술, 붉은 풋고추 2컵, 물 4-5컵

만드는 법

　　위의 아홉 가지 양념들을 깨끗이 다듬는다. 물 1-2컵과 함께 믹서에 간다.
　　굵기는 입맛에 따라 선택한다.
　　더 붉고 맵게 하려면 고추량을 늘리고,
　　맵지 않고 색상만 붉게 하려면 붉은 토마토를 넣는다.

(25)살균 처리(저온살균 Pasteurization): 72℃ 안팎의 저온으로 열처리를 하는
　　방법이다. 끓이지 않고 데친다는 뜻이다.
　　먼저 불 위에 냄비를 올려 데운 다음, 믹서에 간 양념을 넣는다.
　　뚜껑을 덮지 않고 가만히 젓다가, 끓기 직전 뜨거울 때 입이 좁은 소스병에
　　담는다. 바로 뚜껑을 닫고 찬물에서 식힌 후 냉장한다.
　　양념의 종류와 함량을 다르게 하면, 그 내용과 만든 날짜 등을 병에 표시해서
　　저장한다. 즉석용 김치뿐만 아니라 다른 김치류도 이렇게 마련해 둔 양념소스를
　　쓰면 편리하다.

양배추 보쌈김치

양배추의 넓은 겉잎으로 속김치를 싸서 맛을 낸 보쌈김치다. 잔치나 큰 행사 때
이색적인 맛과 모양을 즐길 수 있어 새로운 김치로 각광받고 있다.

재료

- 양배추 잎 30-40장(1kg): 속김치를 감쌀 수 있을 만큼의 넓은 겉잎들을
  깨끗이 씻어 소금물(농도 3%)에서 3-4시간 숨을 죽인다
- 무 2kg: 2-3cm 넓이로 얇고 납작납작하게 썬다
- 마늘 1컵(1cup): 곱게 채 썬다
- 생강 1/2컵(1/2cup): 곱게 채 썬다
- 액젓 1컵(1cup): 생젓을 사용할 수도 있다
- 김치용 고춧가루 1/2컵(1/2cup)
- 고운 고춧가루 1/2컵(1/2cup)
- 설탕 1/2컵(1/2cup)
- 굵은 파 2컵(2cup): 곱게 채 썬다
- 굴 2컵(2cup): 싱싱하고 잔 것으로 골라 소금물에 헹군다
- 오이 1컵(1cup): 2-3cm 넓이로 얇고 납작하게 썬다
- 당근 1/2컵(1/2cup): 무나 오이와 같은 크기로 썬다
- 밤 1/2컵(1/2cup): 얇고 납작하게 썬다
- 실고추 1/3컵(1/3cup)
- 실파 1-2단: 뿌리를 잘라 씻어 1작은술의 소금으로 숨을 죽인다
- 소금: 천일염

담그는 법

◑ 숨죽여 연해진 양배추 잎을 소쿠리에 가지런히 건져 담는다.
◑ 겉잎들을 따내고 남은 속잎을 씻어 곱게 채 썬다.
◑ 무 오이 당근을 한줌의 소금으로 1-2시간쯤 살짝 숨죽인 다음
　소쿠리에 건진다. 소금물은 받아둔다.
◑ 넓은 그릇에 액젓 마늘 생강 고춧가루 생굴을 넣어 고루 섞는다.
◑ 위 양념에 숨죽인 무 양배추 오이 당근을 넣어 버무린 다음,
　밤 파 실고추를 고루 뿌려 보쌈 속김치를 만든다.
◑ 큼직한 보시기 바닥에 양배추 잎 4장을 겹치게 깐다.
　버무린 김치속을 알맞게 넣고, 잎을 하나하나 겹치게 싸서 둥근 꾸러미처럼
　만든다. 흐트러지지 않게 숨죽은 실파줄기로 싸매 항아리에 차곡차곡 담는다.
◑ 남은 양배추 잎과 실파를 위에 덮고, 소금물로 양념 그릇을 헹궈 붓는다.
◑ 눌림을 하고 뚜껑을 덮어 찬 곳에 둔다.
◑ 다음날 국물 간을 다시 맞춘다.

당근쌀겨절임

생강절임

당근소박이

당근 쌀겨절임

당근을 주재료로 한 이 절임을 오이와 무의 '쌀겨절임' 과 함께 차려낼 때, 붉고 푸르고 흰 '삼색' 의 맛이 몹시 돋보인다. 아름다운 색깔과 음식 솜씨, 정갈한 살림살이가 두드러지는 차원있는 가정음식이다.

재료

- 당근 3kg: 생김새가 매끈하고 가는 것을 골라, 줄기 쪽을 1~2cm 남긴 채 자르고 다듬는다. 그늘에서 2~3일간 시들게 한다
- 고운 쌀겨 2kg
- 소금 200g: 천일염
- 생강 100g: 얇고 납작하게 썬다
- 분말생강 50g: 혹은 건조생강편
- 무잎줄기나 배춧잎 우거지: 혹은 흰 종이나 흰 천을 덮개용으로 마련한다

담그는 법

◑ 고운 쌀겨에 소금 생강을 고루 섞어 '절임겨' 를 만든다.
◑ 항아리 바닥에 한두줌의 절임겨를 깐다. 시든 당근을 가로 세로 한 켜씩 촘촘히 깔고, 한 켜마다 당근이 보이지 않게 절임겨를 덮는다.
◑ 위에 우거지를 덮고 남은 겨를 모두 뿌린다. 종이나 천으로 덮개를 할 때는 덮기 전에 겨를 뿌린다.
◑ 눌림을 하고 뚜껑을 덮어 찬 곳에 둔다.

보충 | 먹을 때는 찬물에 살짝 헹궈 겨를 씻어내고 보기좋게 썬다. 무 오이 당근의 쌀겨절임을 김밥말이 속으로 하면, 깔끔한 삼색 김밥이 돼 보기와 맛이 좋다.

생강 절임

'생강 절임' 과 '편강' (26)은 고대부터 전래돼온 사찰식이(寺刹食餌)다. 약미식물에 속해 귀하게 담가온 것으로 알려진다.

재료

- 생강 3kg: 싱싱하고 연한 생강을 골라 껍질을 깎고, 아주 얇고 납작하게 썬다. 찬물에 깨끗이 헹궈 건진다
- 소금 1/3컵(1/3cup)
- 설탕 1/2컵(1/2cup)
- 아스코르빈산(ascorbic acid, 비타민C의 다른 이름) 가루(27) 1/2작은술(1/2ts)
- 식초 1/2컵(1/2cup): 무색의 증류식초
- 물 3~4컵(3~4cup): 끓여서 식힌 물
- 천연 식용색소(All Natural Food Color): 자연산 식물(성)에서 추출한다

담그는 법

◑ 항아리에 생강을 넣고 소금 설탕을 넣어 고루 저은 다음, 1시간쯤 그대로 둔다.
◑ 숨이 죽어 부드러워진 생강을 고루 섞으면서 눌러 다지고, 식초와 아스코르빈산을 위에 넣는다.
◑ 눌림을 하고 찬물을 눌림까지 올라오게 부어준다. 물이 너무 많으면 생강쪽들이 떠오르고, 모자라면 물에 잠기지 않은 부분의 생강쪽들이 변색되고 뭉클어져 부패한다.

보충 | 우리나라와 중국에서는 원래 생강 절임에 착색을 하지 않았다. 여타의 절임류에도 색소를 넣지 않았는데, 일본은 절임류들에 착색을 해왔다. 그래서 색소를 넣은 생강 절임이 흔하다는 이유로 그 본산이 일본이라고 하는데, 근거가 없다.
생강에는 마늘 고추와 같은 살충력(殺蟲力)과 인체생리에 이로운 성분들이 많이 함유돼 있음이 현대과학에 의해 증명돼, 현재 '건강식물' 로 널리 인정받고 있다.

---

(26)생강을 얇게 썰어 설탕 또는 꿀에 절여 말린 것으로, 다과의 일종이다.
(27)절임류, 특히 야채나 과일에 아스코르빈산(비타민 C)을 넣는 것은 극히 일반화된 상식이다. 이유는 방산(화) 방부(패) 기능이 있기 때문이다.

당근 소박이

단단한 당근에 소박이양념을 넣기 시작한 것은, 외국 채소류가 우리나라에 들어와서 재배 생산량이 풍성해진 이후(19세기 후반에서 20세기 초)부터다. 오이 토마토를 비롯해, 근래에는 브로커리 칼리플라워 양배추알 스프라우트까지 우리식 조리방법에 활용되기 시작했다. 창의적인 이색김치의 다양한 면모를 볼 수 있게 됐다.

재 료

- 당근 3kg: 3cm 안팎 둘레의 싱싱한 것을 골라 다듬어 씻는다.
  4cm 토막으로 잘라 위에서부터 3cm 깊이로 십자형 칼집을 넣는다.
  소금물(농도 3%)에 2-3시간 담근다
- 무 0.5kg: 속이 연한 무를 다듬어 씻어 곱게 채 썬다. 1작은술의 소금을 뿌려 섞어둔다
- 굵은 파 2컵(2cup): 3-4cm 길이로 곱게 채 썬다
- 쌀가루죽 1컵(1cup)
- 맑은 액젓 1컵(1cup)
- 밤 1/2컵(1/2cup): 곱게 채 썬다
- 마늘 2/3컵(2/3cup): 곱게 채 썬다
- 생강 1/3컵(1/3cup): 곱게 채 썬다
- 고운 고춧가루 2/3컵(2/3cup)
- 실고추 1/3컵(1/3cup)
- 소금: 천일염
- 설탕 1큰술(1Ts)

담그는법

◑ 당근을 소쿠리에 건지고, 무도 가볍게 짜서 다른 그릇에 담아둔다.
  소금물은 받아둔다.
◑ 넓은 그릇에 쌀가루죽 액젓 마늘 생강 고춧가루를 넣고 고루 섞은 다음,
  무 파 밤 실고추 설탕을 뿌려 넣어 양념을 만든다.
◑ 칼집을 낸 당근토막 하나 하나에 1-2작은술의 양념을 채워 넣는다.
  속이 안 빠져나오도록 칼집 쪽을 위로 해서 항아리에 세워 담는다.
◑ 배춧잎 우거지를 준비해 덮고, 소금물로 양념 그릇을 헹궈 붓는다.
◑ 눌림을 하고 뚜껑을 덮어 찬 곳에 둔다.

보충 | 외래 채소로 담근 김치는, 1950-60년대에 유학한 서구 유학생, 외국체류 한국인들이 향수에 젖어 담그기 시작한 이색김치들로부터 유래됐다. 한국에 돌아온 후에도 그 시절의 추억을 잊지 않고 담가 먹게 된 것이다. 익히는 과정 없이 즉석에서 먹으며, 식초 설탕을 첨가하면 더욱 신선한 맛을 즐길 수 있다.

김 만 조 |저자|

김만조는 재미 식품공학박사로 1928년 경남 양산에서 태어났으며, 부산여고와 부산 수산대학 제조화학과를 졸업했다. 이후 서울대학교 농과대학 농예화학과 연구조교로 있다가 한국정부의 추천으로 영국에 유학, 리즈(Leeds)대학교 이공대학원에서 박사 학위를 취득했다.

귀국 후에는 서울여자대학교와 연세대학교에서 교수로 재직한 바 있으며, 1982년에는 미국 월든(Walden)대학교 자연과학대학원에서 식품인류학 박사 학위를 취득하기도 했다. 평소 "김치는 새콤 달콤하고 짜고 쓰고 맵고 떫고 구수한 일곱 가지 맛이 어우러진 독특한 식품으로서, 이탈리아의 스파게티, 중국의 만두처럼 세계 식품으로 손색이 없다"고 주장했다. 더욱이 성인병을 겁내는 구미인들에게는 무기질과 섬유질이 풍부한 김치가 더할 나위 없는 건강 식품이라고 말했다.

지금은 약 1년 예정으로 인도네시아에 머물면서 새로운 식품연구에 몰두하고 있으며, 디자인하우스를 통해 출간 예정인, 자신과 김치에 얽힌 이야기 《김치 오딧세이》와 한국의 음식문화에 대한 인류사회학적 탐구서인 《한국의 食文化》를 집필중에 있다.

황혜성 | 요리 감수 |

일본 京都여자대학 가사과를 졸업했으며, 숙명여대 명지대 한양대 성균관대 가정과 교수를 역임했다. 미국 일본 필리핀 프랑스 대만 등지에서 여러 차례에 걸쳐 궁중음식을 전시, 강습했다. 지난 1973년 무형문화재 제38호 '조선왕조 궁중음식' 기능보유자로 지정되었으며, 현재는 사단법인 궁중음식연구원 이사장으로 있다.

주요 저서로는
《李朝宮廷料理通考》
《궁중음식》
《韓國의 味覺》
《전통의 맛》
《韓國의 料理》등이 있다.

한복려 | 요리 지도 |

서울시립농업대학 원예학과와 고려대학교 식량개발대학원 식품공학과, 그리고 일본 조리사 전문학교를 졸업했다. 지난 1990년 무형문화재 제38호 '조선왕조 궁중음식' 기능보유자 후보로 지정되었으며, 현재는 사단법인 궁중음식연구원 원장으로 있으면서 성균관대학교 등에 출강하고 있다.

주요 저서로는
《떡과 과자》
《한국음식》
《종가집 시어머니 장 담그는 법》등이 있다.

이 책을 만드는 데 도움을 주신 분과 기관들

계몽사 자료실 | 고려대 식품공학과 이철호 교수 | 고려대학교 대학원 도서관 | 국립민속박물관 | 국립중앙도서관 | 궁중음식연구원 | 서예가 김지희 | 들꽃민속촌 조현제

서문당 대표 최석로 선생 | 예당(藝堂) | 예하(藝河) | 옹기민속박물관 | 웅진출판사 자료실 | 장지현 박사 | 제일제당 김연진 과장 | 중앙일보사 중앙포토 | 풀무원 김치박물관